J. Baranetzky

Die stärkeumbildenden Fermente in den Pflanzen

bremen
university
press

J. Baranetzky

Die stärkeumbildenden Fermente in den Pflanzen

ISBN/EAN: 9783955622534

Auflage: 1

Erscheinungsjahr: 2013

Erscheinungsort: Bremen, Deutschland

bremen
university
press

Die

stärkeumbildenden Fermente

in den Pflanzen.

Von

Prof. Dr. J. Baranetzky.

—

Mit 1 Tafel.

Leipzig.

Verlag von Arthur Felix.

1878.

Für einen Pflanzenphysiologen, welcher alltäglich die Gelegenheit findet, die Auflösung der Stärkekörner in verschiedenen Pflanzentheilen und deren theilweise Umwandlung in Zucker zu beobachten, bietet natürlich die nähere Kenntniss der genannten Vorgänge und deren Bedingungen kein geringes Interesse. Es ist gegenwärtig bekannt, dass gewisse Körper pflanzlichen (auch thierischen) Ursprungs und noch unbekannter chemischer Natur die Eigenschaft besitzen, mit Stärkekleister in Berührung gebracht, denselben rasch zu verflüssigen, wobei die Stärkesubstanz in Dextrin und einen Kupferoxyd reducirenden Zucker umgewandelt wird. Offenbar werden derartige stärkeumbildende Körper selbst nur wenig dabei verändert, denn sie können, in geringer Menge zugesetzt, grosse Mengen Stärkekleister umbilden, weshalb sie überhaupt als Fermente bezeichnet werden. Das Vorkommen der stärkeumbildenden Fermente in den stärkeführenden Zellen würde natürlich den Vorgang der Auflösung und Verzuckerung der Stärke auf ein Mal verständlich machen. Dieser Erkenntniss scheinen aber bis jetzt in der Pflanzenphysiologie zwei Schwierigkeiten im Wege zu stehen. Die erste ist die geringe Anzahl der Fälle, wo das Vorkommen der stärkeumbildenden Fermente thatsächlich nachgewiesen worden ist. Nach den vorliegenden Daten, der Analogie mit den thierischen Geweben und den theoretischen Erwägungen über die chemische Natur derartiger Fermente, lässt sich zwar auf ihre allgemeine Verbreitung in den Pflanzen mit grosser Wahrscheinlichkeit schliessen; factisch aber ist ausser den wenigen Fällen, wo Payen und Persoz ihre »Diastase« entdeckt haben, neulich nur von v. Gorup-Besanez in drei Arten von Pflanzensamen ein analoges Ferment gefunden worden. Die zweite und bei weitem grössere Schwierigkeit, die Bedeutung der bekannten Fermente bei dem Processe der Auflösung der Stärke in den keimenden Samen, in Knollen u. s. w.

anzuerkennen ist der Umstand, dass ihre Wirksamkeit bis jetzt nur in Bezug auf stark gequollene Stärkekörner, im Zustande des Kleisters constatirt werden konnte. Die unveränderten Stärkekörner hingegen, wie alle Beobachter immer gefunden haben, sollen bei gewöhnlicher Temperatur auch durch lange dauernde Einwirkung der aufgelösten Diastase nicht im mindesten angegriffen werden. In den lebendigen Pflanzengeweben werden aber die Stärkekörner auf eine eigenthümliche Weise corrodirt und aufgelöst, ohne vorher irgend eine Vorbereitung dazu zu erfahren; es blieb also entweder die Nichtidentität der isolirten mit den in den Pflanzengeweben selbst wirkenden Fermenten anzunehmen, oder in diesen Geweben das Bestehen gewisser noch unbekannter Bedingungen vorauszusetzen. Beides ist auch wirklich von verschiedenen Chemikern angenommen worden.

Meine Untersuchungen beziehen sich ausschliesslich auf die stärkeumbildenden Fermente: die Beobachtungen über ihre Verbreitung wurden hauptsächlich nur auf stärkeführende Reservestoffbehälter (wesentlich Samen) und andere Pflanzentheile ausgedehnt. Auch betreffen meine Versuche nur die Wirksamkeit derartiger Fermente in Bezug auf die Stärke allein; ihre von v. Gorup-Besanez in der letzten Zeit entdeckte Fähigkeit, auch die eiweissartigen Körper umzubilden, hatte ich desto mehr Grund vollkommen ausser Acht zu lassen, als der genannte Chemiker sich das Recht reservirt hat, die Untersuchungen in dieser Richtung selbst weiter zu führen.

1. Die Verbreitung der stärkeumbildenden Fermente.

Die Vorgänge bei dem Malzprocess, nämlich die Auflösung der Stärke und das Auftreten des Zuckers, haben schon lange die Aufmerksamkeit der Chemiker auf sich gezogen und zur Entdeckung der Körper geführt, welche die Eigenschaft besitzen, die genannten Umänderungen der Stärke hervorzurufen. In früherer Zeit fasste man die Bildung des Zuckers in keimenden Samen als eine directe chemische Metamorphose anderer in den Samen enthaltener Kohlehydrate auf. Cruikshank, welcher beobachtete, dass Keimung und somit Zuckerbildung in den Gerstensamen nur bei freiem Zutritt von Sauerstoff stattfand, glaubte diesen Process als eine Oxydationserscheinung »des vegetabilischen Schleimes und des stärkeartigen Bestand-

theils« der Samen deuten zu müssen[1]). Nach Mulder[2]) ist
Kirchhof der erste gewesen, welcher im Jahre 1812 die Thatsache feststellte, dass die Umwandlung der Stärke in den keimenden Gersten- und Weizensamen der Wirkung eines in den
Samen enthaltenen eiweissartigen Körpers zuzuschreiben ist:
der aus dem Weizenmehle ausgewaschene Kleber mit Kartoffelstärkekleister in Berührung gebracht, verflüssigte denselben in
einigen Stunden, wobei in der Lösung Zucker gebildet wurde.
Unter dem Einflusse des gepulverten Malzes wurde aber derselbe Kleister in viel kürzerer Zeit aufgelöst, woraus Kirchhof den Schluss zog, dass die Wirksamkeit des betreffenden
Stoffes, — des Klebers nach Kirchhof, — beim Keimen sehr
erhöht werde[3]). Diese für die Pflanzenphysiologie so wichtige
Entdeckung Kirchhof's wurde erst einige zwanzig Jahre nach
ihm zur weiteren Bearbeitung wieder aufgenommen. Th. de
Saussure suchte nämlich die chemische Natur des eiweissartigen Stoffes, welcher die Umbildung der Stärke vermittelt,
näher zu bestimmen[4]). Es ist Saussure gelungen, den rohen
Kleber in drei nach ihren Löslichkeitsverhältnissen in Alkohol
etwas verschiedene Stoffe, — Albumin, Glutin und Mucin zu
zerlegen, wobei er fand, dass die Fähigkeit, Stärkekleister aufzulösen und zu verzuckern, dem Mucin in viel höherem Grade
zukommt, als den beiden anderen Bestandtheilen des Klebers.
— Payen und Persoz, welche sich gleichzeitig mit Saussure, und unabhängig von diesem mit demselben Gegenstande
beschäftigten, gaben eine einfache Vorschrift an, um die die
Stärkeumbildung in den keimenden Samen vermuthlich bewir-
kende Substanz von den anderen Stoffen abzuscheiden und
getrennt zu erhalten. Sie zeigten, dass wenn man zerstossenen
Gerstenmalz kurze Zeit lang mit Wasser digerirt und die ab-
gepresste Flüssigkeit mit Alkohol versetzt, man einen Niederschlag erhält, welcher sich leicht wieder in Wasser auflöst, und

---

1) Scherer's allgemeines Journal der Chemie. Leipzig 1798. I. Bd.;
abgedruckt bei Fluhrer, »Die Diastase etc.« München 1870. p. 1.
2) Die Chemie des Bieres. Uebers. von Chr. Grimm. Leipzig 1858.
p. 191.
3) Schweigger's Journal. Bd. XIV. p. 389. Ein Abdruck davon
ist gegeben bei Fluhrer, — »Die Diastase etc.« p. 7.
4) Poggendorff's Annalen der Physik und der Chemie. Bd. XXXII
(1834). p. 194.

dass diese Lösung in hohem Grade die Eigenschaft besitzt, Stärkekleister in Dextrin und Zucker zu verwandeln. Um den wirksamen Stoff reiner zu erhalten, schlugen die genannten Chemiker vor, den wässerigen Malzauszug zunächst bis zu 70° C. zu erwärmen, — wobei ein Theil der unwirksamen Eiweissstoffe coagulirt, — und sodann wiederholt mit Alkohol zu fällen; dieselbe Reinigung könne auch durch fractionirtes Fällen mit Alkohol geschehen, da durch Zusatz einer kleinen Menge desselben zuerst die Albuminate ausgeschieden werden, welche keine Wirkung auf Stärkekleister haben. Die auf solche Weise erhaltene Substanz war amorph, löslich im Wasser und schwachem Alkohol, im trockenen Zustande gelblich und durchscheinend. Durch Erwärmen im feuchten Zustande bis über 75° C. verlor sie ihre Wirksamkeit auf die Stärke, was auch bei gewöhnlicher Temperatur durch längeres Aufbewahren einer wässerigen Lösung geschah. Im frischen Zustande aber äusserte die gewonnene Substanz eine so kräftige Wirkung auf den Stärkekleister, dass ein Theil davon im Stande war, binnen wenigen Minuten bis zu 2000 Theile Kartoffelstärke aufzulösen. Payen und Persoz nannten die wirksame Substanz, welche sie als einen neuen, besonderen, mit specifischen Eigenschaften begabten Körper ansahen, — Diastase. Den Vorgängern der französischen Chemiker ist es nie gelungen, einen so kräftig auf den Stärkekleister wirkenden Stoff zu erhalten; deshalb hat sich auch der Name —»Diastase«, als eines specifischen stärkeumbildenden Fermentes in der Wissenschaft eingebürgert und bis auf die gegenwärtige Zeit erhalten, trotz der Einwände, welche, wie wir später sehen werden, aus verschiedenen Gründen gegen diesen Namen und hauptsächlich den mit ihm verbundenen Begriff erhoben wurden. — Ausser in den gekeimten Gerstensamen haben Payen und Persoz ihre Diastase auch in den keimenden Hafer- und Weizensamen, ebenso in den treibenden Kartoffelknollen und in den Knospen von *Ailanthus glandulosa*, wenn auch in kleiner Menge aufgefunden.[1]) Später konnte Payen das Vorkommen des Fermentes auch in den gekeimten Mais- und Reissamen constatiren[2)].

---

1) Annales de chimie et de physique. T. LIII. p. 73 und T. LVI. p. 337.

2) Ann. d. chimie et de phys. T. LX. (1835). p. 411.

Die Beobachtungen über das Vorkommen der stärkeumbildenden Fermente mehrten sich darauf in unerwarteter Weise. Wie schon Kirchhof und de Saussure gefunden haben, dass einzelne Proteinkörper der Samen die Eigenschaften der »Diastase« mehr oder weniger besitzen, so zeigte jetzt Bouchardat[1]), dass auch verschiedene Substanzen thierischen Ursprungs wie Eiweiss, Gelatine, Fibrin im frischen Zustande, noch mehr aber verschiedene proteinhaltige, in Verwesung begriffene Körper, wie faules Fleisch, faules Gluten (der Pflanzensamen) fähig sind, Stärkekleister aufzulösen und theilweise in Zucker zu verwandeln. »Lassaigne, Bouchardat, Mihale, Bernard und Barreswill, Sandras und Bouchardat und Magendie haben, jeder nach seiner besonderen Weise, gezeigt, dass die Umwandlung des Stärkemehles in Dextrin und Zucker unter äusserst mannigfaltigen Umständen durch organische Substanzen veranlasst werden kann; so z. B. durch Galle, sauern Urin, Blutwasser, Blut, Gehirnsubstanz, Pancreasflüssigkeit, Herz, Muskelsubstanz, Lunge, Leber, Nieren. Leuchs, Schwann, Wright, Mihale haben Beobachtungen über die Verwandlung des Stärkemehles in Dextrin und Zucker durch blossen Speichel, oder durch Speichel und Mundschleim mitgetheilt«[2]). Auf Grund derartiger Beobachtungen und der darauf basirten, später näher zu betrachtenden theoretischen Erwägungen, ist Mulder zu der Ueberzeugung von der allgemeinen Verbreitung der stärkeumbildenden Fermente in allen stärkeführenden Pflanzentheilen gekommen, und hat sich an mehreren Stellen seines schon citirten Werkes mit Nachdruck in diesem Sinne ausgesprochen. So sagt er z. B. (p. 226), — »..... es wird sich kaum ein Pflanzensaft finden, welcher der Fähigkeit, Stärkemehl in Dextrin und Zucker überzuführen, entbehrte, gerade so, wie man keine thierische Flüssigkeit oder kein thierisches Gewebe zu kennen scheint, welchem jene Eigenschaft nicht in einem gewissen Grade zukommt, sobald nur die nöthigen Bedingungen erfüllt sind.« . . Die Aeusserungen von Mulder scheinen aber wenig Beachtung gefunden zu haben, vielleicht, weil seine Anschauungen über die chemische Natur derartiger Fermente, als der in Zersetzung begriffenen Körper, sich an die

---

1) Ann. d. chimie et de physique. 3e sér. T. XIV. (1845). p. 60.
2) Mulder, Die Chemie des Bieres. p. 215.

später verlassenen Liebig'schen Vorstellungen anreihten. In
Wirklichkeit aber, sobald einmal in den keimenden Samen mehrer
Getreidearten das Vorkommen der Körper nachgewiesen wurde,
welche die Eigenschaft besitzen, Stärke aufzulösen und theilweise in Zucker zu verwandeln, war nichts näher als der Ge-
danke, dass die analogen Veränderungen der Stärke in den
Pflanzengeweben überall auf der Wirkung derartiger Fermente
beruhen. Es blieb jedenfalls die allgemeine Verbreitung der
stärkeumbildenden Fermente noch direct zu bestätigen. — Vor
einigen Jahren ist es auch v. Gorup-Besanez gelungen, aus
den Wickensamen, dann aus den Samen von *Cannabis sativa*
und *Linum usitatissimum* Substanzen zu erhalten, welche nicht
nur die Fähigkeit hatten, Stärke (als Stärkekleister) in einen
Kupferoxyd reducirenden Zucker zu verwandeln, sondern auch
Fibrin und geronnenes Hühnereiweiss aufzulösen und zu pepto-
nisiren[1]. Die zerstossenen Samen wurden zu diesem Zwecke
mit Glycerin ausgezogen und der Auszug mit ätherhaltigem
Alkohol gefällt. Der flockige Niederschlag, welcher durch wiederholte Fällungen aus der Glycerinlösung mehr körnig und rein
weiss erhalten werden konnte, löste sich leicht in Glycerin und Wasser, und die Lösung zeigte in Bezug auf Stärkekleister in hohem
Grade die Eigenschaften der Payen-Persoz'schen Diastase.
— Noch früher glaubte Schönbein die allgemeine Verbreitung der Fermente im Pflanzen- und Thierreiche auf indirecte
Weise bewiesen zu haben[2]. Schönbein fand nämlich, dass
alle, als Fermente factisch bekannte Körper, wie Diastase,
Emulsin, wirksame Bierhefezellen, zugleich die Eigenschaft besitzen, Wasserstoffsuperoxyd zu zerlegen und dessen Sauerstoff
frei zu machen. Wird darum zu einer wässerigen, milchweissen
Emulsion von Guajakharz (Guajaktinctur) geringe Menge von
Wasserstoffsuperoxyd und eines der genannten Fermente zugesetzt, so färbt sich die Emulsion sogleich intensiv blau, weil
das Guajakharz vom entbundenen Sauerstoff oxydirt wird. Diese
Färbung der Guajakemulsion kann nach Schönbein als die
empfindlichste Reaction sowohl für Wasserstoffsuperoxyd, als

---

1) Berichte der Deutschen chemischen Gesellschaft. Jahrgang 1874.
p. 1478 und Jahrg. 1875. p. 1510.
2) Journal für praktische Chemie. Bd. CVI. (1869). p. 257. (Dasselbe in Zeitschrift für Biologie. Bd. IV. [1868]).

auch für Fermente benutzt werden. Dass die betreffende Wirkung auf das Wasserstoffsuperoxyd mit der fermentartigen Eigenschaft eines Körpers wirklich parallel geht, will der Verfasser
dadurch beweisen, dass angeblich alle die Einflüsse, welche die
Fermente unthätig machen — wie z. B. das Erwärmen bis zum
Siedepunkt — sie zugleich der Fähigkeit berauben sollen, das
Wasserstoffsuperoxyd zu katalysiren. Nun aber findet S c h ö n-
b e i n, dass die Färbung der Guajaktinctur jedesmal eintritt,
wenn derselben ausser Wasserstoffsuperoxyd ein frisch ausge-
presster Saft von irgend einem Theile oder Gewebe einer be-
liebigen Pflanze (oder eines Thieres) zugesetzt wird; dass also
das Vorkommen der Fermente in allen Theilen der lebendigen
Organismen sich auf diese Weise ausnahmslos constatiren lässt.
— Ich habe die Beobachtungen von S c h ö n b e i n wiederholt,
kann aber seine Angaben nur zum Theil bestätigen. Es ist
allerdings richtig, dass die Guajakemulsion mit HO_2 und irgend
einem Pflanzensafte vermischt, fast augenblicklich eine intensiv
und rein blaue Färbung annimmt. Es zeigt sich aber, dass,
erstens das Wasserstoffsuperoxyd für diese Reaction nicht un-
entbehrlich ist. V a n d e n B r o e k hat schon längst die Bläuung der Guajaktinctur (ohne Mitwirkung des HO_2) durch den
Saft der Kartoffelknollen beobachtet und der Wirkung der Eiweissstoffe zugeschrieben [1]). Dieselbe Wirkung, wie die von
V a n d e n B r o e k beobachtete, haben überhaupt die wässerigen
Auszüge von verschiedenen anderen Pflanzen und Pflanzentheilen, wenn auch die Reaction ohne HO_2 jedenfalls viel träger
und schwächer ist. Wird nämlich zu der weissen Guajakemulsion eine kleine Menge eines Pflanzensaftes zugesetzt, so kann
in den ersten Minuten noch keine Färbung wahrgenommen werden; diese tritt nur langsam ein, in etwa $1/2$ Stunde jedoch erscheint die Emulsion entschieden, wenn auch verhältnissmässig
nur schwach, gebläut. Was aber noch mehr die Bedeutung der
S c h ö n b e i n'schen Reaction zweifelhaft macht, ist der Umstand,
dass, trotz der Angabe des Verfassers, das Erwärmen bis zum
Siedepunkt die Auszüge noch nicht unfähig macht, Bläuung
der Guajaktinctur hervorzurufen. Diese Eigenschaft wird dadurch nur geschwächt, so, dass ohne Mitwirkung des HO_2 jetzt

---

1) Jahresbericht der Chemie von L i e b i g und K o p p. 1849 u. 1850.
p. 455.

nach längerer Einwirkung nur ein schmutziger, grünlich-bläulicher Ton zu bemerken ist; setzt man aber noch eine Spur von HO_2 hinzu, so kann die Emulsion in $1/2$—1 Stunde noch ziemlich intensiv blau gefärbt werden. Andererseits wieder habe ich die Reaction von. S c h ö n b e i n auch in den Fällen erhalten, wo directe Prüfungen auf eine gleich zu beschreibende Weise die Gegenwart eines stärkeumbildenden Fermentes nicht constatiren konnten. Alles das zeigt, dass die von dem genannten Chemiker vorgeschlagene Reaction nicht etwa für die Fermente charakteristisch ist, und also nicht zu ihrer Entdeckung benutzt werden kann.

Das oben Angeführte ist Alles, was man aus der vorliegenden Literatur über das Vorkommen und die Verbreitung der stärkeumbildenden Fermente in den Pflanzengeweben erfahren kann. Man ersieht daraus, die verschiedenen Beobachtungen haben zwar die weite Verbreitung derartiger Körper sehr wahrscheinlich gemacht, positiv wurde aber ihr Vorkommen nur für vereinzelte Fälle von P a y e n und P e r s o z, und in letzter Zeit wieder von v. G o r u p bewiesen. Bei alledem schien es mir doch eine leichte Aufgabe zu sein, das Vorkommen oder Nichtvorkommen der stärkeumbildenden Fermente in verschiedenen Pflanzentheilen direct zu constatiren, denn eben in ihrer Wirkung auf den Stärkekleister ist ein unfehlbares Mittel zu ihrer Entdeckung gegeben. — Zur Gewinnung der vermutheten Fermente lag es nahe, die Methode von P a y e n und P e r s o z zu versuchen, denn in allen beobachteten Fällen zeigten sich die wirksamen Körper durch Alkohol fällbar. In der That habe ich dieselbe Methode auch bei meinen Versuchen in allen Fällen vollkommen ausreichend gefunden. Was aber die von den genannten Chemikern zur Reinigung des Fermentes gegebenen Vorschriften betrifft, so halte ich dieselben für wenig sicher und zweckmässig. Das vorläufige Erwärmen des wässerigen Auszugs bei 70—75° C., zum Zwecke der Entfernung der coagulirbaren Albuminstoffe, scheint mir eine überflüssige Operation zu sein, denn dieselben Stoffe werden grösstentheils auch durch Alkohol coagulirt. Der alkoholische Niederschlag löst sich nämlich im Wasser fast nie vollkommen; wurde aber der rohe Auszug vorläufig erwärmt, so ist gewöhnlich der ungelöste Rückstand nur unbedeutend und wird immer viel voluminöser, wenn der Auszug direct mit Alkohol gefällt wurde. Andererseits, wie wir später sehen werden, wirkt überhaupt die hohe Temperatur schwächend auf die wirksamen Eigenschaften der Fermente, und zwar um so leichter, je verdünnter ihre Lösung ist [1]) — ein Umstand, welcher bei Darstellung der Fermente das Erwärmen über etwa 60° C. womöglich vermeiden lässt. Das weitere Verfahren von Payen und Persoz, nämlich die Reinigung des alkoholischen Niederschlags durch Auflösen desselben im Wasser und wiederholtes Fällen mit Alkohol, lässt sich bei weitem nicht immer ausführen. In den meisten Fällen giebt die concentrirte wässerige Lösung des Niederschlags bei neuem Zusatz von starkem Alkohol nur eine leichte Trübung, welche sich nach tagelangem Stehen nicht absetzt, und sich nur schwer abfiltriren lässt. In solchen Fällen lässt ein schwaches Ansäuern der (an sich schon immer sauren) Flüssigkeit gewöhnlich die letzte Trübung verschwinden, wogegen das Neutralisiren mit sehr verdünnter Kalilösung (bis zu schwach alkalischer Reaction) schon genügt, die Bildung eines flockigen, wenn auch weniger reichlichen Niederschlags von neuem hervorzurufen. Die sich dabei absetzende Substanz kann ihre fermentartigen Eigenschaften, wenn auch in sehr geschwächtem Grade noch behalten. Selbstverständlich beruht diese Erscheinung auf der leichten Veränderlichkeit der Proteinstoffe, welche hier ihren Namen so vollkommen rechtfertigen. Ich kann aber nicht angeben, welchen Bedingungen im betreffenden Falle die so rasch und doch tiefgehende Veränderung zuzuschreiben sei, um so weniger, als sie an demselben Material nicht immer in der nämlichen Schärfe zu beobachten ist. So konnte ich an dem wässerigen Auszug einer Malzportion das Fällen mit Alkohol bis drei Mal wiederholen, während die später aus derselben Bierbrauerei genommenen Proben von derselben Malzsorte Auszüge gaben, welche bei zweiter Fällung nur eine schwache Trübung, aber keinen flockigen Niederschlag mehr zeigten. Ich kann nur bemerken, dass die hier eintretende Aenderung der Eigenschaften der Proteinstoffe nicht der sauren Reaction der Flüssigkeit zugeschrieben werden kann, denn die rohen, wässerigen Auszüge der Pflanzengewebe reagiren jedesmal sauer und

---

1) Letzteres hat v. Wittich für Pepsin (Pflüger's Archiv. Bd. 5. p. 454), und Paschutin (Reichert's und Du Bois-Reimond's Archiv. 1871. p. 454) für Speichelferment gefunden.

dabei immer bedeutend mehr sauer, als die wässerigen Lösungen der schon einmal mit Alkohol gefällten Substanz; das mehr oder weniger lange Befinden in saurer Flüssigkeit ist auch nicht die Ursache davon, denn man kann den rohen wässerigen Auszug 24 Stunden lang stehen lassen, ohne dass seine Fällbarkeit durch Alkohol irgendwie geschwächt erscheint.

Es lag nicht in meiner Absicht, die Fermente in möglichst reinem Zustande darzustellen. Um zunächst ihr blosses Vorkommen nachzuweisen, verfuhr ich aber auf folgende Weise. Die zu untersuchenden Samen oder anderen Pflanzentheile wurden entweder in einem Mörser zerkleinert, oder (wie die Samen der Rosskastanie, fleischige Knollen und Wurzeln) auf dem Reibeisen zerrieben. Enthielt die Masse kein Fett oder Chlorophyll, so wurde sie (falls sie nicht von selbst schon saftreich genug war), mit etwa gleichem Volumen Wasser übergossen, und ca. $1/2$ Stunde lang bei gewöhnlicher Temperatur stehen gelassen. Die viel Fett enthaltende Masse, wie z. B. aus den (sonst stärkeführenden) Samen von *Aesculus Hippocastanum*, oder die grüne Masse der chlorophyllreichem Pflanzentheile wurden gewöhnlich zuerst mit starkem, ätherhaltigen Alkohol ausgezogen, dann abgepresst, bei gewöhnlicher Temperatur getrocknet und nun ebenfalls mit Wasser übergossen. Uebrigens kann diese Operation, welche jedesmal sehr viel starken Alkohol erfordert, allenfalls auch weggelassen werden, denn versetzt man den wässerigen Auszug behufs Fällung der Eiweissstoffe mit starkem Alkohol, so nimmt doch dieser Fett und Pigmente in sich auf. Durch wiederholtes Auswaschen mit frischem Alkohol, — was auch ohnedem nöthig ist —, kann der Niederschlag von den genannten Stoffen befreit werden. Es ist jedenfalls vorzuziehen, die Pigmente vorher zu entfernen; das gilt besonders für die braunen Oxydationsproducte, welche in der zerriebenen Masse an der Luft entstehen, denn manchmal binden sich diese Stoffe an den alkoholischen Niederschlag, welcher dadurch schwarz und im Wasser fast unlöslich wird (die Samen von *Mirabilis Jalapa*). Die stark gebräunten Flüssigkeiten wurden daher immer mit Thierkohle entfärbt, von welcher Payen und Persoz noch gefunden haben, dass sie die Eigenschaften der Diastase in keiner Weise verändert.

Der filtrirte wässerige Auszug wurde gewöhnlich direct, ohne erwärmt zu werden, mit starkem (90—95%) Alkohol gefällt, und liess man den flockigen Niederschlag sich absetzen, — was gewöhnlich sehr rasch erfolgt. Der Alkohol wurde zwei bis drei Mal decantirt und mit frischem, schwächerem (etwa 85%) ersetzt, um den in den Säften der sich entwickelnden Pflanzentheile nie fehlenden Zucker auszuwaschen. Der auf dem Filter gesammelte Niederschlag wurde noch feucht mit wenig Wasser übergossen, und die klare Lösung von dem ungelösten Theile abfiltrirt. Solche Lösungen (deren Gehalt gewöhnlich ca. 1—2% der Trockensubstanz betrug) haben immer eine mehr oder weniger saure Reaction, welche sich nicht etwa durch die Berührung mit der Luft in ihnen entwickelt, denn dieselbe, aber noch mehr intensive Reaction ist schon den frischen wässerigen Auszügen aus den gekeimten, wie ungekeimten Samen und anderen Pflanzentheilen (wie das zum Theil .durch Sachs schon bekannt wurde), ebenso den frisch durchschnittenen Geweben selbst eigen. Beim Keimen scheint die saure Reaction der Samen noch bedeutend zuzunehmen. Von dieser Säure können die alkoholischen Niederschläge auch durch wiederholtes Fällen mit Alkohol nicht befreit werden. Payen und Persoz geben zwar an, die Diastase habe eine vollkommen neutrale Reaction; bei Berücksichtigung aller von Payen und Persoz gegebenen Vorschriften ist es mir aber nie gelungen, weder aus Gerstenmalz, noch in anderen Fällen vollkommen neutrale Lösungen zu erhalten.

Die auf die beschriebene Weise gewonnenen Lösungen wurden nun in ihrer Wirksamkeit in Bezug auf Stärkekleister geprüft. Zu diesem Zwecke diente der Kleister aus feiner Kartoffelstärke, welcher nicht über 1% Stärke enthielt und bei Siedehitze bereitet wurde. 3—4 ccm von dem Kleister wurden in einem Probirröhrchen mit etwa ½ oder 1 ccm der zu prüfenden Lösung versetzt, und bei gewöhnlicher Temperatur stehen gelassen. Die Anwesenheit des Fermentes wurde an Verflüssigung des Kleisters und dessen Verwandlung in eine vollkommen klare Lösung erkannt. Dieses Criterium ist sicherer, als das Erscheinen des Zuckers in der Flüssigkeit, denn wir werden später sehen, dass die Bildung des Zuckers nicht mit dem Auflösen der Stärke parallel zu gehen braucht.

Ebenso wie die Lösungen des alkoholischen Niederschlags, aber gewöhnlich noch kräftiger, wirken auf den Stärkekleister die einfachen wässerigen Auszüge der Pflanzengewebe. Das

Fällen mit Alkohol kann zur Zeit fast nur den Zweck haben, den Zucker, wo derselbe bei den Versuchen hinderlich wird, aus der Lösung zu entfernen. In den Fällen also, wo es sich um blosse Nachweisung des Fermentes mittels seiner lösenden Wirkung auf den Stärkekleister handelt, kann immer der rohe Auszug benutzt werden. Auf diese Weise wird die Nachweisung der stärkeumbildenden Fermente auf ein höchst einfaches und ebenso sicheres Verfahren zurückgeführt.

Ich lasse jetzt eine Liste der Pflanzen und Pflanzentheile folgen, welche ich in Bezug auf das Vorkommen der stärkeumbildenden Fermente untersucht habe. Um eine ungefähre Vorstellung von der relativen Wirksamkeit der aus verschiedenen Pflanzen zu erhaltenden Fermente zu gewinnen, kann man dieselbe mit der Wirksamkeit der fermenthaltigen Lösung aus gekeimten Gerstensamen (Diastase) vergleichen. Die letztere wirkt allerdings vielleicht am stärksten von allen, die ich untersucht habe: der Stärkekleister, mit einigen Tropfen dieser Lösung versetzt, wurde bei mir ohne Erwärmen in wenigen Minuten in vollkommen klare Flüssigkeit verwandelt.

Stärkehaltige Samen.

Phaseolus multiflorus. Nicht gekeimte Samen: keine Wirkung auf Stärkekleister. Am Lichte so weit gekeimte Samen, dass die grünen Stengel etwa 10—20 cm lang waren; alle Keimtheile zusammen untersucht: der Kleister in wenigen Minuten vollkommen aufgelöst. Die Cotyledonen allein untersucht, ergaben dasselbe.

Vicia faba. Im Dunkeln gekeimt, etiolirte Stengel ca. 40 cm lang; Cotyledonen allein untersucht: in 30 Min. erfolgte vollständige Lösung des Stärkekleisters.

Pisum sativum. Ungekeimt: nach 20 Stunden wurde der Kleister ganz aufgelöst gefunden. Am Lichte gekeimte Samen, Keimstengel 3—5 cm lang: der Stärkekleister wurde in ca. 30 Min. aufgelöst.

Polygonum Fagopyrum. Gekeimte Samen, die Würzelchen durchschnittlich ca. 5 cm lang, die Cotyledonen noch im Samen versteckt: der Kleister wurde in wenigen Minuten in klare Lösung verwandelt.

Mirabilis Jalapa. Nicht gekeimte Samen: nach 20 Stunden der Kleister verflüssigt gefunden. Das Ferment der gekeimten Samen scheint auf die Auflösung des Stärkekleisters keine stärkere Wirkung zu haben.

Aesculus Hippocastanum. Nicht gekeimt: nach 24 Stunden der Kleister aufgelöst gefunden. Das Ferment der gekeimten Samen (starke Stengel, ca. 20 cm lang) wirkte ebenso.

Quercus pedunculata. Weder aus ungekeimten, noch aus gekeimten Samen konnte ein stärkeumbildendes Ferment ausgezogen werden, was aber das wirkliche Fehlen eines solchen noch nicht beweist. Die Eichensamen enthalten sehr viel Gerbsäure, welche, wie Dubrunfaut gefunden hat[1]), mit der Diastase eine unlösliche Verbindung bildet. Diese Verbindung soll auf den Stärkekleister dieselbe Wirkung, wie die Diastase selbst ausüben. Möglich wäre also, dass das Ferment in den Samen schon im gebundenen Zustande existirt, wahrscheinlicher scheint mir aber, dass erst bei Zerreiben der Samen die besagte Verbindung entsteht und die Auflösung des Fermentes verhindert. Das Ausziehen der Masse mit sehr schwacher Aetzkalilösung lieferte übrigens keine besseren Resultate; ist doch nicht zu vergessen, dass die stärkeumbildenden Fermente (für Malzdiastase nachgewiesen) in den alkalischen Flüssigkeiten ihre Wirksamkeit sehr leicht verlieren.

Stärkehaltige Knollen.

Treibende Kartoffelknollen (von Payen und Persoz schon beobachtet), — die Stengeltriebe ca. 20 cm lang: nur schwache Wirkung, — in 24 Stunden der Kleister fast gänzlich aufgelöst.

Gesneria barbata (treibende Knollen): in 24 Stunden der Kleister vollständig aufgelöst.

Dioscorea Batatas. Knollen, welche schon über 1 m lange, grüne Stengel hatten (Mitte April). Der rohe, wässerige, sehr schleimige Auszug löste den Stärkekleister vollständig in etwa 30 Minuten.

Iris germanica. Rhizome im April untersucht, als die grünen Blätter schon 10—15 cm lang waren: vollständige Lösung des Kleisters ist in weniger als 30 Min. erfolgt.

---

1) Dingler's polytechnisches Journal. Bd. 184. 1868. p. 491.

Stengel und Blätter.

Phaseolus multiflorus. Grüne Stengel, ca. 20 cm lang, (sammt Blättern untersucht): der Stärkekleister wurde in 3 Stunden vollständig aufgelöst.

Pisum sativum. Grüne Stengel mit vielen Blättern (zusammen untersucht): der Kleister nach 20 Stunden klar aufgelöst gefunden.

Vicia Faba. Etiolirte Stengel, ca. 25 cm. lang: nach 20 Stunden der Kleister vollkommen aufgelöst gefunden.

Daucus Carota. Grüne, aus der Wurzel getriebene Blattrosette: in etwa 30 Min. erfolgte vollständige Lösung des Stärkekleisters.

Brassica Rapa. Ein grüner Wurzeltrieb, etwa 10 cm lang, mit 12 Blättern: der Kleister wurde in $1^1/_2$ Stunden vollständig aufgelöst. Etiolirte, etwa 40 cm lange Triebe; Stengel und Blätter (welche letztere bei dieser Pflanze eine ungemein starke, fast normale Entwickelung im Finstern erreichen) separat untersucht. Stengel: nach 24 Stunden der Stärkekleister zum grössten Theile aufgelöst; Blätter: nach 20 Stunden der Kleister klar aufgelöst gefunden.

Eriobotrya japonica. Junge, aber schon vollkommen entwickelte, dunkelgrüne, Ende März aus dem Gewächshause genommene Blätter: der Kleister wurde nach 20 Stunden vollkommen aufgelöst gefunden.

Acanthus cordifolia. Kräftige, saftiggrüne, aus dem Rhizom getriebene Blätter (Ende März): innerhalb 20 Stunden hat vollkommene Lösung des Kleisters stattgefunden.

Echium giganteum. Die Blätter und sehr junge Blüthenknospen von einem jungen Triebe: nach 24 Stunden der Kleister zum grössten Theil aufgelöst, nach 48 Stunden in völlig klare Lösung verwandelt gefunden.

Tradescantia zebrina. Kräftige, junge, aber schon völlig entwickelte Blätter: in 24 Stunden ist fast vollständige Lösung des Kleisters erfolgt; der rohe wässerige Auszug wirkte noch kräftiger.

Veltheimia viridiflora. Junge, saftiggrüne, aus den Zwiebeln neu getriebene Blätter: nach 24 Stunden wurde der Kleister zum grössten Theil, nach 48 Stunden vollständig aufgelöst gefunden.

Keine Stärke enthaltende Reservestoffbehälter.

Daucus Carota. Die Parenchymzellen der verdickten Wurzel enthalten klare Flüssigkeit; Stärkekörner werden nur selten angetroffen, statt dessen schwimmen im Zellsaft zahlreiche kleine stäbchenförmige, oder ovale gelbe Körperchen, welche mit Iodtinctur braun gefärbt werden und deren Natur ich nicht näher untersuchte. Im Zellsaft sind bedeutende Mengen eines Kupferoxyd reducirenden Zuckers enthalten; auch ist in demselben, wie bekannt, unlängst Rohrzucker gefunden worden.

Die zu treiben anfangenden Mohrrüben (Ende März direct aus dem Keller genommen): der Kleister wurde in 30 Min. in eine klare Lösung verwandelt.

Brassica Rapa. Die Parenchymzellen der Wurzel sind, wie diejenigen in den Zwiebelschalen von *Allium Cepa*, nur mit klarem, wässerigem Safte angefüllt, welcher eine concentrirte Lösung eines reducirenden Zuckers zu sein scheint. Stärke habe ich keine gefunden, ob aber Rohrzucker im Safte vorkommt, ist mir unbekannt.

Treibende Rüben: sehr energische Wirkung auf den Stärkekleister; — vollständige Lösung desselben ist in 15—20 Min. zu beobachten.

Ich brauche kaum hinzuzufügen, dass die Auflösung des Stärkekleisters in den beschriebenen Versuchen nicht etwa einer Wirkung von Schimmel- oder Bacterienpilzen zugeschrieben werden darf, denn nach erfolgtem Auflösen war die Flüssigkeit ganz klar und frei von allen Organismen; andererseits blieb derselbe Kleister, allein stehen gelassen, ganze Wochen über vollkommen unverändert.

In der angeführten Liste sind fast alle die Pflanzen und Pflanzentheile verzeichnet, welche überhaupt auf das Vorkommen des Fermentes geprüft wurden. Die zwei oder drei Fälle, welche nicht in diese Liste hineingekommen sind, machen keineswegs eine Ausnahme, doch werden sie bequemer im anderen Abschnitt behandelt. Die zu untersuchenden Objecte wurden nach Zufall gewählt, und doch mit Ausnahme der Eichensamen (in denen wahrscheinlich besondere Verhältnisse dem Auflösen des Fermentes hinderlich sind) ist mir kein Fall vorgekommen, wo nicht das Vorhandensein eines stärkeumbildenden Fermentes direct constatirt werden konnte. Also nicht nur in den Samen

und anderen Reservestoffbehältern, sondern auch in den Geweben der vegetativen Organe, Stengel wie Blätter, ob am Lichte,
oder im Finstern entwickelt, werden diese Körper niemals ver-
misst. Man wird, glaube ich, nach diesen Ergebnissen und nach
alledem, was schon bis jetzt über das Vorkommen der stärkeumbildenden Fermente bekannt wurde, die allgemeine Verbreitung dieser Körper in den Pflanzengeweben als eine feststehende
Thatsache betrachten dürfen. Wenn man aber in Betreff der
stärkeführenden Pflanzentheile berechtigt wäre, das Vorkommen
der stärkeumbildenden Fermente im Voraus zu vermuthen, so
ist doch merkwürdig, dass diese Fermente auch in den Geweben sich befinden, welche keine Stärke enthalten; so hat
v. Gorup-Besanez stärkeumbildende Fermente in den Hanf-
und Leinsamen, und ich in den Rüben und Möhren aufgefunden. Auf diese Thatsache, welche ihrerseits zur näheren Erkenntniss der chemischen Natur der stärkeumbildenden Fermente
beiträgt, werden wir übrigens noch später zurückkommen.

Die aus verschiedenen Pflanzen und Pflanzentheilen zu gewinnenden fermenthaltigen Lösungen wirken auf Stärkekleister
ungleich energisch; diese Verschiedenheit ist aber wahrscheinlich nicht etwa der Natur der Fermente, sondern blos dem
Gehalte derselben in den Lösungen zuzuschreiben. Die stärkste
Wirkung äusserten überhaupt die aus verschiedenen (auch keine
Stärke führenden) Reservestoffbehältern (Samen, Knollen, Wurzeln) gewonnenen fermenthaltigen Lösungen; diejenigen aus den
Blättern und Stengeln wirkten viel schwächer. In den stärkehaltigen Samen wird das Ferment nicht etwa, — wie es bis
jetzt gewöhnlich angenommen wurde, — erst bei der Keimung
gebildet, sondern kann auch in den nicht gekeimten Samen (ob
in allen?) gefunden werden. Seine Menge nimmt aber bei der
Keimung bedeutend zu, und scheint bis zu einem ziemlich wei-
ten Entwickelungsstadium der Keimpflanze noch immer grösser
zu werden. Ich habe leider versäumt, zahlreichere Beobachtungen darüber zu machen; die Keimlinge der Erbsen und
Schminkbohnen wurden aber in sehr ungleichen Entwickelungs-
stadien untersucht und es zeigte sich, dass das Ferment aus
den Samenlappen der Keimlinge, deren Stengel 10—20˙cm lang
waren, jedesmal stärker wirkte, als in den Fällen, wo die
Keimstengel erst die Länge von 1—2 cm. erreicht haben. Andererseits sind gewisse Keimungsbedingungen von grossem Ein-

fluss auf die Menge (die Wirksamkeit) des sich bildenden Fermentes. Werden nämlich die Samen (wie ich an den Buchweizen- und Gerstensamen beobachtet habe) in einem dicken Haufen aufgeschüttet zum Keimen gebracht[1]), so findet man ihr Ferment (d. h. fermenthaltige Lösung) weniger wirksam, als in den Samen von demselben Keimungsstadium, welche aber in dünner Schicht auf einer nassen Glasplatte ausgebreitet oder, noch besser, einzeln in feuchter Erde gekeimt haben. Wahrscheinlich kommt es hier auf einen mehr oder weniger reichlichen Zutritt von Sauerstoff zu den keimenden Samen an. Später werden wir eine andere Thatsache kennen lernen, welche ebenfalls auf die Nothwendigkeit des freien Sauerstoffszutritts für die Bildung des Fermentes hinweist.

2. Die Wirkung der Fermente auf den Stärkekleister.

Wenn das Vorkommen der stärkeumbildenden Fermente in allen Pflanzentheilen direct bewiesen werden kann, ist die nächstfolgende Frage, welche sich von selbst bietet, die, ob die aus verschiedenen Pflanzen und Pflanzentheilen zu gewinnenden Fermente in ihrer Wirkung auf den Stärkekleister verschieden oder identisch sind. Wie schwer ist es aber, diese Frage genau zu beantworten, lehrt schon die Geschichte des Malzfermentes (Diastase), indem trotz der zahlreichen Untersuchungen die Wirkungsweise dieses Körpers auf den Kartoffelstärkekleister bis jetzt noch nicht ganz aufgeklärt ist. Dass die Stärkesubstanz unter dem Einflusse der Diastase in Dextrin und Zucker umgewandelt wird, haben schon Payen und Persoz erkannt; weitere Fragen aber, wie diejenige über die Menge des dabei gebildeten Zuckers, sowie über die Natur des bei der Umwandlung der Stärke stattfindenden chemischen Processes, bleiben noch immer streitig. Die Reihe der genaueren, quantitativen Untersuchungen in dieser Richtung hat eigentlich Musculus begonnen[2]). Vor ihm wurde es überhaupt angenommen, dass

---

1) Zu diesem Zwecke brachte ich die nassen Samen in einer etwa 5—6 cm. dicken Schicht auf den Boden eines leeren Blumentopfes, dessen untere Oeffnung mit Tüll zugedeckt wurde.

2) Annales de chimie et de physique. 3me sér. T. LX. p. 203 und Ann. de chim. et de phys. 4me sér. T. VI. p. 177.

die Stärke dabei erst in Dextrin, und das letztere schon nach
und nach in Zucker verwandelt wird. Musculus aber glaubte
im Gegentheil gefunden zu haben, dass 1) das Dextrin nicht
von der Diastase verändert wird, 2) die Bildung des Zuckers
aufhört, sobald in der Flüssigkeit keine mit Iod sich färbende
Stärkesubstanz mehr übrig bleibt, und dass 3) Zucker und
Dextrin dabei immer im äquivalenten Verhältniss wie 1 : 2 gebildet werden. Dementsprechend hat Musculus den Schluss
gezogen, dass der Umbildungsprocess der Stärke nicht auf einer
Hydratation des vorgebildeten Dextrins, sondern auf einer (mit
Wasseraufnahme verbundenen) Spaltung des Stärkemolecüls beruht, wobei Dextrin und Zucker zugleich entstehen:
$$3 C_6 H_{10} O_5 + H_2 O = 2 C_6 H_{10} O_5 + C_6 H_{12} O_6 .$$
Gegen diese Erklärung und zu Gunsten der früheren Vorstellungsweise erhob sich Payen, welcher die Richtigkeit der von
Musculus angegebenen Thatsachen selbst bestritt [1]. Er zeigte,
dass das reine Dextrin unter dem Einflusse des Fermentes eine
directe Saccharification erleidet; in zwei verschiedenen Experi-
menten werden von ihm 20 % und 26,8 % eines Kupferoxyd
reducirenden Zuckers [2] auf die Menge des gegebenen Dextrins
erhalten. Weiter hat der genannte Chemiker gezeigt, dass die
maximalen Mengen des aus dem Stärkekleister gebildeten Zuckers
zwar bedeutenden Schwankungen unterworfen sind, aber fast
immer viel grösser gefunden werden, als es von der Musculus'schen Theorie verlangt wird. Die grössten Mengen des
gebildeten Zuckers hat Payen in verschiedenen Versuchen zu
42,63 %, 47,86 %, 49,9 %, 51,95 % und 52,71 % auf die Menge
der gegebenen Stärke gefunden, während nach Musculus
nicht über 37,04 % gebildet werden sollten. Es wurde ausserdem von Payen constatirt, dass die Bildung des Zuckers immer noch fortschreitet, nachdem durch Iod keine Färbung mehr
in der Flüssigkeit hervorzurufen ist. Die Ursache, warum die
Bildung des Zuckers in der Flüssigkeit ein gewisses Maximum
nicht überschreitet, glaubte Payen der Wirkung des schon
vorhandenen Zuckers zuschreiben zu müssen. Denn wird der
einmal gebildete Zucker entfernt, wie das in der Praxis der

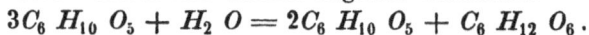

---

1) Annales de chimie et de physique. 4me sér. T. IV. p. 286 und
T. VII. p. 382.
2) Welcher von Payen und dem ihm nachfolgenden Schwarzer für
Glucose gehalten wurde.

Branntweinbrennereien durch die alkoholische Gährung geschieht, so kann nach und nach fast sämmtliches Dextrin in Zucker übergeführt werden.

Die Bedingungen bei den Versuchen von Payen und Musculus waren insofern verschieden, als der Erstere mit dem Fermente experimentirte, welches auf die bekannte, von ihm ausgearbeitete Methode durch Fällen mit Alkohol erhalten wurde, während Musculus immer den rohen, wässerigen Malzauszug angewendet zu haben scheint. Die Reaction des Fermentes auf den Stärkekleister wurde bei Payen wie bei Musculus meistens — und doch nicht immer — bei 70—75° C. geführt. — Schwarzer that deshalb insofern einen bedeutenden Schritt weiter, als er erkannte, dass die Wirkungsweise des Fermentes, bezw. die Producte seiner Reaction in hohem Grade von der Temperatur abhängig sind [1]). Bei verschiedenen Temperaturen von Null bis zu etwa 60° C. sollen die Zuckermengen stets 50—53$\%$ der verflüssigten Stärke betragen, was dem Zerfallen der Stärke in 1 Aequivalent Dextrin und 1 Aequivalent Zucker (Glucose) gerade entspräche (die Theorie verlangt 51,6$\%$). Wird dagegen die Reaction bei 65—70° C. geführt, so erhält man die Glucosemengen, welche nahe um 27$\%$ schwanken,— also wieder ein Verhältniss, wie es die Spaltung des Stärkemoleculs in 3 Aequivalente Dextrin und 1 Aequivalent Gucose genau erfordert. Bei den Temperaturen von 60—65° C. wurden von Schwarzer auch verschiedene, zwischen 27 und 53$\%$ liegende Gehalte an Glucose gefunden. Die hohen Temperaturen wirken nicht etwa blos auf den Verlauf des Umbildungsprocesses, sondern auf die Eigenschaften des Fermentes selbst, welche dadurch dauernd verändert werden, so dass ein bis 70° C. vorerwärmter Malzauszug nachher nicht im Stande ist, auch bei gewöhnlicher Temperatur mehr als 27$\%$ Glucose entstehen zu lassen. — Die Menge des zugesetzten Fermentes bedingt nur einen mehr oder weniger raschen Verlauf der Reaction, ohne das Mengenverhältniss des dabei gebildeten Zuckers irgendwie zu beeinflussen. Die Angabe von Musculus, wonach die Bildung des Zuckers nur so lange fortdauert, als in der Flüssigkeit noch die mit Iod sich färbenden Körper übrig bleiben, hat Schwarzer in der Hauptsache bestätigt gefunden: »Nach

---

1) Journal für praktische Chemie. Neue Folge. Bd. I. (1870). p. 212.

dem vollständigen Verschwinden der Iodreaction ist die Zuckerbildung der Hauptsache nach vollendet, indem eine längere
Einwirkung nur noch geringe Mengen Zucker zu bilden vermag« (l. c. p. 217). Andererseits konnte Schwarzer auch die
Angabe von Payen, die Wirkung des Fermentes auf das Dextrin betreffend, bestätigen. Was schliesslich die theoretische
Deutung des Umbildungsprocesses betrifft, so findet Schwarzer
mehr Grund, der Ansicht von Payen beizutreten, »dass nämlich der Zucker erst aus dem Dextrin durch Aufnahme von
Wasser entstehe, welches die Diastase abgiebt und dadurch
unwirksam wird; dass aber die bei hoher und niederer Temperatur entstehenden verschiedenen Umwandlungsproducte der
Diastase mit verschiedenen Zuckermengen sich ins Gleichgewicht setzen, welches Gleichgewicht stets wieder hergestellt
wird, wenn es durch Entfernung des Zuckers gestört wurde«.
— Bei Schwarzer's Versuchen wurde das Ferment immer im
Zustande des rohen, wässerigen Malzauszuges angewendet.
Das Letztere geschah auch bei den sorgfältigen neuen Untersuchungen von O'Sullivan[1]). Dieser Chemiker hat zunächst
die noch im Jahre 1847 von Dubrunfaut gemachte Angabe,
dass bei der Einwirkung der Diastase auf Stärke nicht die Glucose, sondern eine besondere Zuckerart, — die Maltose entsteht, definitiv bestätigt und gezeigt, dass Dextrin und Maltose
auch die einzigen Producte sind, welche dabei anfänglich gebildet werden. Bei längerer Einwirkung des Fermentes soll
zwar nach O'Sullivan die Maltose theilweise in Dextrose
übergeführt werden, — was von ihm aus dem optischen Verhalten der Flüssigkeit geschlossen wurde; diese Angabe steht
aber im Widerspruch mit den Untersuchungen von Schultze,
denen zufolge die Maltose zwar sehr leicht durch Kochen mit
verdünnter Schwefelsäure, nicht aber durch die Einwirkung des
Malzfermentes in Dextrose übergeführt wird[2]). Die Angabe
von Schwarzer, den Einfluss der Temperatur auf die Menge
des anfänglich gebildeten Zuckers betreffend, hat O'Sullivan
vollständig bestätigt. Doch geht er in dieser Beziehung noch
weiter und findet, dass die bei verschiedenen Temperaturen
gebildeten Zuckermengen dem Spaltnngsprocesse der Stärke

1) Journal of the Chemical Society. 1876. Bd. II. p. 125.
2) Berichte der deutschen chemischen Gesellschaft. Bd. VII. p. 1047.

nach drei verschiedenen Gleichungen entsprechen. Bei den Temperaturen, welche 63° C. nicht übertreffen, wird immer sehr nahe an 67,85% Maltose und 32,15% Dextrin gebildet, was sich durch die Gleichung:

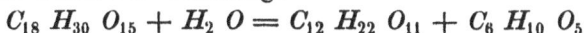

$$C_{18} H_{30} O_{15} + H_2 O = C_{12} H_{22} O_{11} + C_6 H_{10} O_5$$

ausdrücken lässt. Wird die Reaction bei 64—68° C. geführt, so findet man ungefähr 34,54% Maltose auf 65,46% Dextrin, was dem Spaltungsprocesse der Stärke nach der Formel:

$$2(C_{18} H_{30} O_{15}) + H_2 O = C_{12} H_{22} O_{11} + 4(C_6 H_{10} O_5)$$

gerade entspricht. Endlich bei 68—70° C. enthalten die Umwandlungsproducte immer sehr nahe an 17,4% Maltose und 82,6% Dextrin, — die Mengen, welche durch die Gleichung:

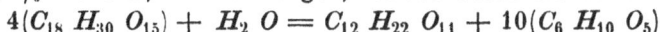

$$4(C_{18} H_{30} O_{15}) + H_2 O = C_{12} H_{22} O_{11} + 10(C_6 H_{10} O_5)$$

eben gefordert werden.

Die betreffenden Zuckergehalte wurden unmittelbar, oder nur kurze Zeit nach dem Verschwinden der Iodreaction in der Flüssigkeit gefunden. Im Widerspruch mit Schwarzer findet aber der englische Chemiker, dass die Zuckerbildung damit noch lange nicht beendigt wird; im Gegentheil, bei längerer Einwirkung des Fermentes kann die Zuckermenge noch bedeutend zunehmen. So fand O'Sullivan bei verschiedenen Versuchen die Mengen der Maltose binnen 24 Stunden bei gewöhnlicher Temperatur von etwa 67% auf 90% und darüber gestiegen. Diese nachträgliche Zuckerbildung soll durch den Ueberschuss des zugesetzten Malzextractes, und durch dessen saure Reaction begünstigt werden. Wird aber nach dem Verschwinden der Iodreaction die Flüssigkeit zum Sieden erwärmt, so erfolgt keine Zuckerbildung mehr, — zum Beweise, dass dessen Bildung nicht etwa der directen Wirkung der Säure zuzuschreiben ist.

Aus dem Umstand, dass anfänglich (d. h. bis zum Verschwinden der Iodreaction) in kurzer Zeit grosse Mengen der Maltose gebildet werden, während die nachträgliche Zuckerbildung verhältnissmässig nur langsam von Statten geht; aus dem Umstand ferner, dass je nach den Bedingungen der Temperatur die Umwandlungsproducte der Stärke, welche bis zum Zeitpunkt des Verschwindens der Iodreaction erscheinen, in verschiedenen, jedesmal aber bestimmten Verhältnissmengen gebildet werden, — glaubt der Verfasser schliessen zu müssen, dass die Bildung des Zuckers auf zweierlei Weise vor sich geht. So lange näm-

lich in der Flüssigkeit noch unveränderte Stärkesubstanz vor-
handen ist, wird dieselbe durch die Einwirkung des Fermentes
in Zucker und Dextrin und zwar, je nach der Temperatur,
nach einer der obenangeführten drei Gleichungen gespalten.
Ist dies aber geschehen, so wird das gebildete Dextrin durch
einfache Hydratation weiterhin in Zucker umgewandelt.

Aus dem Angeführten ist zu ersehen, wie wenig die Resultate verschiedener Forscher in Bezug auf die Eigenschaften
und die Wirkungsweise des Malzfermentes mit einander über-
einstimmen. Es ist eigentlich blos die Thatsache, dass die
Eigenschaften des Fermentes durch die Temperatur verändert
.werden, welche als feststehend betrachtet werden dürfte. Ueber
die Wirkungsweise des Fermentes bei verschiedenen Temperaturen besteht aber schon keine Uebereinstimmung mehr; so z. B. als
Maximum des bis zum Verschwinden der Iodreaction gebildeten Zuckers wurde von O'Sullivan etwa 45 % Glucose
(67,7 % Maltose) .angegeben, während nach Schwarzer bei
denselben Versuchsbedingungen etwa 53 % Glucose gebildet
werden sollen; bei den Temperaturen nahe an 70° C. soll
ebenso nach dem einen nur 11,5 % Glucose (17,4 % Maltose)
nach dem anderen aber 27 % Glucose entstehen. So bedeutende Abweichungen können nicht Beobachtungsfehlern zugeschrieben werden; sie zeigen vielmehr, dass die Bedingungen,
welche bei der Umwandlung der Stärke unter dem Einflusse
des Fermentes massgebend sind, nicht auf die Temperaturbedingungen allein beschränkt zu sein brauchen. So lange aber
diese Bedingungen nicht aufgeklärt sind, ist es natürlich kaum
möglich, genaue vergleichende Untersuchungen über die Wirkungsweise der aus verschiedenen Pflanzen und Pflanzentheilen
zu gewinnenden stärkeumbildenden Fermente anzustellen. Die
von mir in dieser Absicht angestellten Versuche geben des-
wegen zur Zeit noch ungenügenden Aufschluss über die Frage,
die ich mir zunächst vorgelegt hatte. Ich will jedoch einige
von ihnen anführen, da sie in Bezug auf die Wirkungsweise
derartiger Fermente im allgemeinen von Interesse sind.

Die Fermente wurden für diese Untersuchungen nach der
schon beschriebenen Methode gewonnen. Sie mit Glycerin
auszuziehen, wie das von v. Gorup-Besanez gemacht
wurde, fand ich wenig bequem, denn bei stärkehaltigen Samen u. s. w. werden die Glycerinauszüge sehr trübe

vom Stärkemehl und lassen sich nur schwer klären. Rohe,
wässerige Auszüge können, ihrer geringen Haltbarkeit wegen,
nur bei kurzer Dauer der einzelnen Versuche angewendet werden, wobei doch immer nöthig ist, den Zuckergehalt der Auszüge selbst im Voraus zu bestimmen. Ich habe deshalb, wie
schon im vorigen Abschnitt angegeben wurde, die wässerigen
Auszüge (gewöhnlich ohne vorheriges Erwärmen) mit Alkohol
gefällt, den Niederschlag mit schwachem Alkohol mehrmals
ausgewaschen, dann im Wasser gelöst und die klare, oft stark
lichtbrechende Lösung von dem unlöslichen Theile abfiltrirt.
So gewonnene fermenthaltige Lösungen können oft wochenlang
bei gewöhnlicher Temperatur, äusserlich ganz unverändert, erhalten werden, besonders, wenn sie durch ein doppeltes, vor-
erst mit heissem Wasser abgewaschenes Filter durchgelassen,
und in ein ebenso gereinigtes Gefäss gesammelt werden. Zum
Verschluss habe ich überhaupt nicht Pfropfen, sondern dünnes
Stanniol angewendet; die Oeffnung des Gefässes (gewöhnlich
eines Probirrohres) wurde zu diesem Zwecke mit einem Stück
reines Stanniolblatt zugedeckt, dessen Ränder dann umgebogen
und fest an das Glas angedrückt wurden. Ein solcher Verschluss ist sehr bequem, schützt besser gegen das Eindringen
der organischen Keime als die gewöhnlichen Pfropfen, und kann
in derartigen Fällen mit Nutzen angewendet werden.

Zu den nächstfolgenden Versuchen habe ich immer nur
sehr dünnflüssigen Stärkekleister angewendet, indem auf 100 ccm
Wasser nur 0,25 Gr. (0,25%) reine Kartoffelstärke genommen
wurde. Der Wassergehalt der Stärke selbst wurde nicht direct
bestimmt; doch wurde die zu den Versuchen angewendete Stärke
längere Zeit über Schwefelsäure getrocknet, und den vorhandenen Angaben zufolge [1] soll der Wassergehalt der Stärke
unter diesen Bedingungen 10% betragen. Der Kleister wurde
jedesmal bei Siedehitze bereitet. Diesem Umstande, zum Theil
auch dem geringen Gehalte an Stärke ist es wahrscheinlich
zuzuschreiben, dass der Stärkekleister bei mir immer vollständig, und ohne irgend einen Rückstand zu klarer Flüssigkeit
aufgelöst wurde, während bei den anderen Experimentatoren,
wo der Kleister niemals zum Sieden erhitzt wurde, auch immer

---

1) R. Sachsse, Chemie der Farbstoffe, Kohlehydrate etc. Leipzig
1877. p. 92.

mehr oder weniger Stärkesubstanz (ohne Zweifel die äusseren, dichten Kornschichten) ungelöst zurückblieb. — Wo die Zuckerbestimmung im Laufe des Versuches wiederholt vorgenommen werden sollte, wurde nach erfolgtem Auflösen die klare Flüssigkeit in einzelne gut verschlossene Probirröhrchen vertheilt, so dass bei jedesmaliger Bestimmung nicht sämmtliche Flüssigkeit geöffnet zu werden brauchte. Auf diese Weise liess sich die Zucker und Proteinstoffe enthaltende Flüssigkeit oft mehrere Tage lang, ohne erwärmt zu werden, vollkommen klar und frei von Organismen erhalten. Die sich trübenden Portionen wurden natürlich entfernt; es mag aber bemerkt werden, dass in solchen Fällen der Zuckergehalt immer vermindert, nie vermehrt gefunden wird. — Die Zuckerbestimmung geschah durch Titriren mit Kupferlösung, welche nach der Methode von Löwe (mit Glycerin) bereitet wurde [1]. Die Mengen der zuckerhaltigen Flüssigkeiten waren bei meinen Versuchen immer nur beschränkt; deshalb wurde zum Titriren nur je 1,0 ccm Kupferlösung genommen, welche dann mit 4 ccm mässig concentrirter Natronlauge (um bei weiterer Verdünnung des Reactivs die mögliche Ausscheidung von Kupferoxyd zu verhindern) verdünnt wurde. Die Kupferlösung wurde in einem kleinen Bechergläschen im Wasserbade erwärmt, und nach jedesmaligem Zusatz der zuckerhaltigen Flüssigkeit in ein daneben stehendes Wasserbad gestellt, bis der rothe Niederschlag sich absetzte und die Färbung der Flüssigkeit klar sichtbar wurde, was gewöhnlich 4—5 Minuten Zeit erforderte. Bei einem sol-

---

[1] Lunin gab im »Journal der russischen technischen Gesellschaft«. Bd. III. (1873). p. 48 (russisch) eine genaue Vorschrift zur Bereitung des Kupferreactivs nach der Löwe'schen Methode: 40 Gr. Kupfervitriol werden in 160 ccm Wasser gelöst, und diese Lösung wird nach und nach zu einer Mischung von 200 ccm Natronlauge von 1,34 spec. Gew. und 40 bis 50 Gr. Glycerin gegossen. Sodann wird Alles mit Wasser auf 1150,5 ccm verdünnt. Auf diese Weise zusammengesetzte Flüssigkeit lässt sich aber fast nicht weiter mit Wasser verdünnen, ohne beim Erwärmen das Kupferoxyd auszuscheiden. Zum Titriren sehr verdünnter Zuckerlösungen, wie es bei meinen Versuchen geschehen musste, musste ich dem Reactiv gerade die doppelte Menge von Glycerin und Natronlauge zusetzen. Eine solche Flüssigkeit konnte bei sehr starker Verdünnung zum Sieden gebracht werden, ohne eine Ausscheidung zu geben. Sie bleibt auch bei mir seit mehr als einem halben Jahre (im Dunklen aufbewahrt) vollkommen unverändert.

chen Verfahren hängt die Genauigkeit der Bestimmung nur von
der Zeit ab, in welcher die ganze Operation beendigt wird,
denn bei längerer Dauer wird immer ein Theil des schon ausgeschiedenen Kupferoxyduls wieder in Kupferoxyd verwandelt.
Es muss darum nach der ersten, ungefähren Bestimmung immer eine neue gemacht werden, damit fast die sämmtliche er-
forderliche Menge Zuckerlösung auf einmal zugesetzt werden
könnte.

Ich will nun die Resultate einiger Versuche anführen,
welche mit den Fermenten verschiedener Pflanzen angestellt wurden. Der Zucker ist als Glucose in Procenten auf
die gegebene wasserfreie Stärke berechnet, in den Parenthesen
sind aber die Zahlen beigegeben, welche die entsprechenden
Mengen Maltose ausdrücken, deren Reductionsvermögen zu 66,5
(das Reductionsvermögen der Glucose = 100) angenommen wurde.

Ferment aus den Cotyledonen der am Lichte gekeimten Samen von Phaseolus multiflorus.

1. **Versuch.** Die Keimstengel waren etwa 20 cm lang.
Das Ferment wurde nicht erwärmt; die Reaction der fermenthaltigen Lösung — schwach sauer. Zu 76 ccm Stärkekleister
wurde 4 ccm Fermentlösung zugegeben: in ca. 2 Minuten ist
vollständige Lösung des Kleisters eingetreten, nach $\frac{1}{2}$ Stunde
war auch keine Iodreaction mehr zu bemerken. Titrirt:

Zuckergehalt $= 30,2\%$ $(45,4\%)$.

Die zuckerhaltige Flüssigkeit wurde dann in 4 Portionen
getheilt, von denen zwei zum Sieden erwärmt wurden, um die
weitere Wirkung des Fermentes aufzuheben.

Nach 24 Stunden ergab die Bestimmung:

die nicht erwärmte Portion   Zuckergehalt $= 46,2\%$,
die erwärmte Portion . . . . 30,2%.

Nach weiteren 48 Stunden

die nicht erwärmte Portion   Zuckergehalt $= 60,0\%(90,2\%)$.
die erwärmte Portion . . . . 31,7%.

2. **Versuch.** Die grünen Keimstengel waren ca. 10 cm
lang. Der wässerige Auszug wurde vor dem Fällen mit Alkohol
etwa 15 Minuten lang bei 65° C. erwärmt. An 97 ccm Stärkekleister wurde bei gewöhnlicher Temperatur 3 ccm fermenthaltige Lösung gegeben: Vollständige Auflösung des Kleisters

erfolgte in ca. 15 Minuten; die Iodreaction ist nach 2 Stunden verschwunden; sodann

Zuckergehalt = 18,2% (27,3%),

nach 24 Stunden 29,8%,

nach zwei Tagen 38,2%,

nach vier Tagen 48,0%,

nach sieben Tagen . . . . 57,3%.

Während dieser ganzen Zeit blieb die Flüssigkeit vollkommen klar; nur die letzte Portion wurde erst am siebenten Tage etwas getrübt gefunden.

Ferment der gekeimten Samen von Mirabilis Jalapa.

3. Versuch. Die Samen waren so weit gekeimt, dass die Samenschalen sich abzustreifen anfingen. Das Ferment wurde nicht erwärmt; 4 ccm von dem letzteren wurden an 46 ccm kalten Stärkekleister gegeben, und bei gewöhnlicher Temperatur stehen gelassen. Nach 24 Stunden: der Kleister fast gänzlich aufgelöst, mit Iod — weinrothe Färbung der Flüssigkeit; nach 48 Stunden — die Flüssigkeit ganz klar, keine Iodfärbung mehr:

Zuckergehalt = 47,1% (70,8%),

nach weiteren 24 Stunden . . . . . . 51,5%.

nach nochmals 24 Stunden (im Ganzen nach

vier Tagen) . . . . 57,0% (85,7%).

4. Versuch. Ferment der Keimlinge, deren Würzelchen etwa 3—3½ cm lang, deren Samenschalen aber noch geschlossen waren. Das Ferment wurde nicht erwärmt. An 73 ccm des Stärkekleisters wurde bei gewöhnlicher Temperatur 7 ccm Fermentlösung gegeben. Nach 24 Stunden war die Flüssigkeit vollkommen klar, und zeigte mit Jod nur eine schwach orangegelbe Färbung,

ihr Zuckergehalt = 50,7% (76,2%),

nach 48 Stunden (im Ganzen) . . . . . 58,7% (88,3%).

5. Versuch. Die beim Versuch 3 angewendete Fermentlösung wurde nachher 10 Minuten lang bei 65° C. erwärmt, und 4 ccm davon zu 46 ccm kaltem Stärkekleister zugesetzt. In 24 Stunden erfolgte noch keine vollständige Lösung des Kleisters, nach 48 Stunden wurde aber die Flüssigkeit klar aufgelöst gefunden, und gab mit Iod keine Reaction mehr:

$$\text{Zuckergehalt} = 39{,}1\%\,(58{,}8\%),$$

nach weiteren 24 Stunden (im Ganzen nach

drei Tagen) 44,4%,

nach sechs Tagen 46,2%,

nach acht Tagen : . . . . 48,0%(73,7%).

Ferment der gekeimten Samen von Polygonum Fagopyrum.

6. Versuch. Ferment der Keimlinge mit etwa 2—4 cm langen Würzelchen und noch geschlossenen Samenschalen. Nicht erwärmt. Auf 47 ccm kalten Stärkekleister wurde 3 ccm fermenthaltige Lösung mit schwach saurer Reaction gegeben. In 25 Minuten wurde der Kleister zu einer klaren Flüssigkeit aufgelöst, die nach 3 Stunden noch mit Iod eine rothe Färbung gab, und deshalb bis zum nächsten Tage stehen gelassen werden musste. Nach 24 Stunden keine Iodreaction mehr:

$$\text{Zuckergehalt} = 41{,}8\%\,(62{,}9\%).$$

7. Versuch. Fermentlösung von denselben Keimlingen, wie im Versuch 6, der wässerige Auszug wurde hier aber vor dem Fällen mit Alkohol 10 Minuten lang bei 67° C. erwärmt. 6 ccm der fermenthaltigen Lösung wurden zu 94 ccm. Stärkekleister zugesetzt, und die Flüssigkeit 15 Minuten lang bei 68—70° C. stehen gelassen. Vollständige Lösung des Kleisters erfolgte in etwa 4 Minuten, und nach 1 Stunde gab die Flüssigkeit keine Iodreaction mehr:

$$\text{Zuckergehalt} = 22{,}2\%\,(33{,}5\%),$$

nach 24 Stunden 31,5%,

am dritten Tage . . . . 35,8%.

Eine Portion der Flüssigkeit, welche nach der ersten Zuckerbestimmung zum Sieden erwärmt wurde, hatte im Laufe der drei Tage ihren ursprünglichen Zuckergehalt nicht verändert.

8. Versuch. Ferment der Keimlinge, deren Würzelchen erst 1—2 cm Länge erreicht haben. Nicht erwärmt; die Reaction stark sauer. 9 ccm der Fermentlösung wurden zu 71 ccm kalten Stärkekleister gegeben', und die Flüssigkeit bei einer Temperatur von 9—10° C. stehen gelassen. Die Auflösung erfolgte nur theilweise; selbst nach drei Tagen blieb noch ein ungelöster Rückstand zurück, während die über dem Absatz stehende, vollkommen klare Flüssigkeit sich mit Iod nicht mehr färbte. Der Rückstand wurde auf einem vorher über Schwefel-

säure getrockneten und abgewogenen Filter gesammelt, dann mehrere Tage lang über Schwefelsäure getrocknet, und sein Gewicht von dem der im Kleister gegebenen Stärke subtrahirt. Auf den Rest bezieht sich der angegebene Procentgehalt des Zuckers in der Flüssigkeit. Am dritten Tage also war der

Zuckergehalt $= 59,1\%\,(88,8\%)$,

am vierten Tage · . . . . $70,9\%$,

am sechsten Tage . . . . ·. . $77,5\%\,(116,5\%)$.

Die vom Rückstand abfiltrirte zuckerhaltige Flüssigkeit ist die ganze Zeit lang vollkommen rein und klar geblieben, ihre Reaction war ziemlich stark sauer.

Zugleich mit dem eben angeführten Versuche wurde ein Parallelversuch angestellt, wobei 76 ccm Stärkekleister mit 4 ccm derselben Fermentlösung versetzt, die Flüssigkeit aber bei Zimmertemperatur (18—20° C.) stehen gelassen wurde. Auch hier blieb nach zwei Tagen noch ein Rückstand ungelöst, dieser wurde ebenso abfiltrirt und die Flüssigkeit titrirt; sie ergab $57,5\%$ $(85,0\%)$ Zuckergehalt. Diese Flüssigkeit schien indessen Bacterien zu enthalten und wurde deshalb entfernt.

Ferment der treibenden Wurzeln von Brassica Rapa.

Das Ferment wurde aus den Rüben gewonnen, welche starke, fast meterlange Stengel im Dunkeln getrieben haben. Der wässerige Auszug der Wurzeln wurde bei 49—53° C. erwärmt, denn schon bei 49° C. bildete sich hier ein reichliches Gerinnsel, welches bei weiterer Steigerung der Temperatur nicht mehr zuzunehmen schien.

9. Versuch. Der Auszug wurde nicht über 49° C. erwärmt. Die fermenthaltige Lösung war stark sauer. Auf 75 ccm kalten Stärkekleister wurde 5 ccm Fermentlösung gegeben, und im Wasserbad bei 52—55° C. bis zum Verschwinden der Iodreaction stehen gelassen. In 20 Minuten wurde der Kleister vollständig aufgelöst, und nach 1 Stunde 20 Minuten gab die Flüssigkeit auch keine Jodreaction mehr.

Zuckergehalt $= 50,5\%\,(76,0\%)$,

am zweiten Tage . . . . $58,3\%$,

am dritten Tage. . . . . $61,7\%$,

am vierten Tage . . . . $65,4\%$,

am sechsten Tage . . . . $69,4\%\,(104,3\%)$.

Nach der ersten Zuckerbestimmung wurde eine Portion der Flüssigkeit zum Sieden erwärmt, und sechs Tage lang stehen gelassen; am sechsten Tage ergab sie 52,8% Zuckergehalt. Der Mehrgehalt von 2,3% ist aber wahrscheinlich dem Umstande zuzuschreiben, dass diese Portion $\frac{1}{2}$ Stunde länger, als die zuerst titrirte im Wasserbade stehen blieb, bevor sie zum Sieden erhitzt wurde.

10. Versuch. Der wässerige Auszug wurde vor dem Füllen mit Alkohol bis 52—53° C. erwärmt. Die fermenthaltige Lösung war, wie beim vorigen Versuche, stark sauer. Es wurden zwei Portionen zu je 46 ccm Stärkekleister bereitet; in einem Falle wurde die Stärke mit reinem Wasser verkleistert (*A*), im anderen aber wurde in einer genau titrirten Lösung so viel Glucose zugesetzt, als die Flüssigkeit enthalten würde, wenn 60% der gegebenen Stärke in Glucose verwandelt wären (Port. *B*). Sodann erhielten beide Portionen zu je 4 ccm Fermentlösung, und wurden in ein bei 52—55° C. erhaltenes Wasserbad gestellt, und bis zum Verschwinden der Iodreaction stehen gelassen. Die Auflösung des Kleisters erfolgte in beiden Portionen gleichzeitig, — in etwa 20 Minuten; nach 1 Stunde 40 Minuten verschwand in beiden auch die Iodreaction.

Portion *A*   Zuckergehalt = 49,4% (74,3%),
Portion *B*   . . . . . 49,4%(neu gebildet).
Am nächsten Tage: Portion *A* 60,0%,
Portion *B*   . . . . . 56,4%.
Am dritten Tage: Portion *A*   . . . . . 67,1%(100,9%),
Portion *B*   . . . . . 60,4%(90,8%).

Den angeführten mögen noch einige mit dem Fermente des Gerstenmalzes angestellte Versuche beigefügt werden.

11. Versuch. Die Samen waren soweit gekeimt, dass ihre Plumula etwa die Samenlänge erreicht haben. Nicht erwärmt. An 46 ccm kalten Stärkekleister wurden 4 ccm Fermentlösung gegeben, und bei gewöhnlicher Temperatur stehen gelassen. Die Auflösung des Kleisters erfolgte in 35 Minuten, und nach $3\frac{1}{2}$ Stunden war auch die Iodreaction verschwunden.

Zuckergehalt = 40,4%(60,7%),
nach 24 Stunden . . . . 46,2%.

12. Versuch. Das Ferment aus denselben Samen wie im vorigen Versuche; der wässerige Auszug wurde aber vor

dem Fällen mit Alkohol 10 Minuten lang bei 66—67° C. erwärmt. Auf 94 ccm Stärkekleister wurde 6 ccm fermenthaltige Lösung gegeben, und die Flüssigkeit wurde 15 Minuten lang im Wasserbade bei 65° C. gehalten. Der Kleister wurde schon in 3 Minuten vollständig aufgelöst; nach 2 Stunden, als die Iodreaction verschwand, wurde die Flüssigkeit titrirt:

$$\text{Zuckergehalt} = 44,4\% \,(66,7\%),$$

nach 24. Stunden . . . . 46,2%.

13. Versuch. Das Ferment des schwach gedarrten, aus einer Bierbrauerei bezogenen Malzes; der wässerige Auszug wurde 10 Minuten lang bei 72—73° C. erwärmt. 48 ccm des etwa 35° C. warmen Stärkekleisters wurden mit 2 ccm der Fermentlösung versetzt, und die Flüssigkeit wurde nicht weiter erwärmt. In 5 Minuten war schon der Kleister gänzlich aufgelöst, und nach 45 Minuten (nicht früher) gab die Flüssigkeit auch keine Iodreaction mehr. Auf Zucker untersucht, zeigte aber die Flüssigkeit nur Spuren desselben, so dass der Zuckergehalt nicht durch Titriren bestimmt werden konnte. Leider wurde später der Zuckergehalt der Flüssigkeit nicht mehr untersucht.

14. Versuch. Drei Tage nach dem vorigen Versuche wurde mit derselben Fermentlösung (welche ganz rein und klar war) und bei den nämlichen Bedingungen ein neuer Versuch angestellt. Diesmal wurde der Kleister in 4 Minuten vollständig aufgelöst, und schon nach 15 Minuten (beim vorigen Versuche erst nach 45 Minuten) war keine Färbung mit Iod zu bemerken.

$$\text{Zuckergehalt} = 17,0\% \,(25,5\%),$$

am nächsten Tage . . . . 27,5%.

Aus den angeführten Versuchen ist zunächst zu sehen, dass die stärkeumbildenden Fermente verschiedenen Ursprungs durch die hohe Temperatur immer auf dieselbe Weise, nämlich so afficirt werden, dass ihre Eigenschaft, Zuckerbildung zu verursachen, dadurch beeinträchtigt wird. Die Angabe von Payen und von O'Sullivan, dass die Zuckerbildung mit dem Verschwinden der Iodreaction ihr Ende noch nicht erreicht, sind meine Versuche im Stande, auf unzweifelhafte Weise zu bestätigen. Ebenso sicher ist es, dass diese nachträgliche Zuckerbildung nicht etwa der Wirkung der Säure, oder den sich entwickelnden Organismen zuzuschreiben ist. Die weitere Angabe von O'Sullivan, wonach die nachträgliche Zuckerbildung durch den Ueberschuss und die saure Reaction des Fermentes begünstigt wird, scheint mir ebenfalls wahrscheinlich zu sein. Meine Versuche zeigen ausserdem, dass diese nachträgliche Zuckerbildung im Anfang rascher, dann aber immer langsamer vor sich geht. Wie weit aber dieser Process fortschreiten kann, darüber geben diese Versuche keinen Aufschluss; nach 7—8 Tagen, trotz des Zuckergehaltes von ca. 70% und darüber (Vers. 8, 9 und andere), scheint der Process sein Ende noch nicht erreicht zu haben, und es kann die Frage entstehen, ob bei gewissen, günstigen Bedingungen nicht sämmtliches Dextrin auf diese Weise in Zucker übergeführt werden kann. Nach der Ansicht von Payen und Schwarzer wird das Aufhören der Zuckerbildung in der Flüssigkeit durch die Menge des schon gebildeten Zuckers bestimmt, dessen Anhäufung den weiteren Process verhindert. Zu Gunsten dieser Annahme spricht der Umstand, dass mit der Dauer der Reaction (resp. der Menge des schon vorhandenen Zuckers) der Zuckerbildungsprocess auch immer langsamer fortschreitet. Andererseits aber, nach meinem Versuch 10 zu urtheilen, kann die Meinung von Payen und Schwarzer nur theilweise richtig sein. Durch den Ueberschuss von Glucose nämlich wurde zwar die Zuckerbildung etwas verlangsamt, hörte aber nicht auf, ungeachtet, dass der Zuckergehalt der Flüssigkeit bedeutend höher war, als er gewesen wäre, wenn alle Stärke in Zucker verwandelt würde. Es ist übrigens möglich, dass der unter dem Einflusse der Fermente entstehende Zucker in allen Fällen Maltose ist und dass das Vorhandensein einer anderen Zuckerart nicht im Stande ist, die weitere Bildung der Maltose zu verhindern. Jedenfalls scheint mir der angedeutete Weg der rationellste zu sein, um einen sicheren Aufschluss in den betreffenden Fragen zu erlangen.

Wenn die Wirkung der hohen Temperatur im Stande ist, die zuckerbildende Eigenschaft des Fermentes zu beeinträchtigen, so ist das doch sicher nicht der einzige Factor, dessen Einfluss sich in dieser Weise äussert. Schon Dubrunfaut glaubte bemerkt zu haben, dass die Diastase, welche mehrmals mit Alkohol gefällt wurde, schwächer wirkte, als der rohe, wässerige Auszug des Malzes. Diesem Umstande vielleicht ist es zum Theil zuzuschreiben, dass ich bei meinen Versuchen nie

so hohe Zuckergehalte erhalten konnte, wie sie von Schwarzer
sogleich nach dem Verschwinden der Iodreaction gefunden wurden. Doch stimmen in dieser Beziehung auch die Angaben
von O'Sullivan, welcher ebenso wie Schwarzer mit rohem
Malzauszug arbeitete, mit den Angaben des Letzteren nicht über-
ein. Die höchsten von O'Sullivan nach dem Verschwinden der Iodreaction gefundenen Zuckergehalte waren nahe
an $67,7\%$ Maltose, also etwa 45% Glucose, d. h. Werthe,
welche denjenigen nahe stehen, die auch von mir in günsti-
geren Fällen erhalten wurden. Das scheint dafür zu sprechen,
dass die Bedingungen bei Schwarzer's Versuchen in irgend
einer Weise von denen bei O'Sullivan abwichen. In der
That scheint Schwarzer nicht immer mit ganz frischem, sondern auch mit dem eine Zeit lang aufbewahrten, also womöglich sauer gewordenen Malzauszuge operirt zu haben (l. c. p. 220
»Bemerkungen«). Nach meinen Versuchen aber habe ich viel-
fachen Grund zu glauben, dass die saure Reaction der Fermentlösung ein wichtiger (ja vielleicht unumgänglicher) Factor
ihrer Wirksamkeit ist. Versuche in der Richtung, den Einfluss
der Säure auf den Verlauf des Maischprocesses zu bestimmen,
wurden schon früher von Leiser angestellt[1]. Er fand, dass
Zusatz von Schwefelsäure bis zu 2,7 Gwth. auf 10,000 Gwth.
der Maischflüssigkeit die Zuckerbildung in derselben erleichtert;
dass aber bei grösseren Mengen der zugesetzten Säure der
Zuckergehalt wieder herabgedrückt wird. In den oben angeführten Versuchen 6 und 8, bei denen ein grosser Unterschied
im Zuckerbildungsprocesse unter dem Einflusse des Fermentes
von derselben Pflanze und unter den nämlichen Versuchsbedingungen auffällt, hatte doch die im ersten dieser Versuche
benutzte Fermentlösung eine schwach saure, im letzten aber
eine sehr bedeutend saure Reaction. Bei den Versuchen mit
dem Fermente aus Rüben (Vers. 9 und 10), wo ebenfalls eine
ungemein energische Zuckerbildung stattfand, reagirte auch die
Fermentlösung ausnahmsweise stark sauer. — Dass aber noch
andere, und zur Zeit noch nicht bekannte Bedingungen den
Zuckerbildungsprocess beeinflussen können, lässt sich aus den
obenangeführten Versuchen 11 und 12 schliessen. Im letzteren

---

1) Der bayerische Bierbrauer von Dr. Lintner. Jahrg. 1869. p. 2;
abgedruckt bei Fluhrer, »Die Diastase etc.« p. 264.

dieser Versuche bewirkte das bei 66—67° C. erwärmte Ferment eine reichlichere Zuckerbildung, als das nicht erwärmte (in Vers. 11), ungeachtet, dass beide Fermentlösungen aus derselben Portion Malz gewonnen wurden.

Was die Frage nach den specifischen Eigenschaften der aus verschiedenen Pflanzen zu gewinnenden stärkeumbildenden Fermente betrifft, so glaube- ich, dass die angeführten Versuche im Stande sind, die Identität aller derartigen Fermente wenigstens sehr wahrscheinlich zu machen. Diese Versuche zeigen wirklich, dass die Zuckermengen, welche unter dem Einflusse der Fermente sehr verschiedenen Ursprungs bei günstigsten Temperaturbedingungen anfänglich (d. h. bis zum Verschwinden der Iodreaction) gebildet werden, nur in ziemlich engen Grenzen schwanken, denn sie werden fast immer zwischen 40 und 50% gefunden. Diese Uebereinstimmung darf als genügend betrachtet werden, wenn man erwägt, dass bei einem und demselben Fermente, und bei gleichen Temperaturbedingungen die Abweichungen manchmal noch grösser ausfallen können (Vers. 6 und 8). Durch die Einwirkung der Temperatur werden alle Fermente in ihren Eigenschaften in gleicher Weise geändert. Sie bewirken alle eine nachträgliche Zuckerbildung, deren Verlauf in allen Fällen derselbe ist, und nur je nach dem mehr oder weniger wirksamen Zustande auch mehr oder weniger energisch sein kann. Strengere Beweise für die Identität der stärkeumbildenden Fermente könnten nur dann verlangt werden, wenn alle Bedingungen festgestellt wären, welche auf die Eigenschaften dieser Körper modificirend einwirken. — Dürften aber die stärkeumbildenden Fermente verschiedener Pflanzen als identisch betrachtet werden, so lassen sich dann auf Grund meiner gesammten Versuche noch einige Bemerkungen in Betreff der Frage über die theoretische Deutung des Zuckerbildungsprocesses machen. Hat man zwischen der allmählichen Umwandlung des Dextrins in Zucker, und dem Spaltungsprocesse der Stärke in Dextrin und Zucker zu wählen, so finde ich nach eigenen Versuchen entschieden mehr Grund zu Gunsten der ersteren dieser Theorien. Es ist zu beachten, dass Musculus sich mit einer Spaltungsgleichung begnügte, Schwarzer deren zwei aufzustellen nöthig fand, und O'Sullivan den Spaltungsprocess bei verschiedenen Temperaturen nach drei verschiedenen Gleichungen vor sich gehen liess.

Dieser Umstand ist nicht zufällig; er zeigt im Gegentheil, wie man nach und nach zu der Ueberzeugung gekommen ist, dass die bei verschiedenen (Temperatur-)Bedingungen gebildeten Zuckermengen sehr verschieden ausfallen können. Schwarzer glaubte zwar, dass unter 60 und über 65° C. constant etwa 53 und 27% Zucker gebildet werden, fand aber zugleich, dass bei 60—65° C. auch verschiedene, zwischen den angegebenen liegende Zuckergehalte erhalten werden. Aus meinen Versuchen glaube ich endlich schliessen zu müssen, dass die sprungweisen Aenderungen im Zuckerbildungsprocesse nur durch ebensolche Aenderungen der Bedingungen hervorgerufen werden können, dass aber überhaupt die Zuckermengen, welche bis zum Verschwinden der Iodreaction in der Flüssigkeit gebildet werden, wahrscheinlich alle Grössen von Null bis zu den möglichen Maximalmengen vorstellen können, so dass es vielmehr nöthig wäre, für jeden einzelnen Fall eine besondere Spaltungsgleichung zu construiren. Ebenso wenig wahrscheinlich aber, wie diese letzte Alternative, scheint mir bei der Spaltungstheorie die Nothwendigkeit zu sein, die Zuckerbildung auf zwei verschiedene Weisen, nämlich durch Spaltung des Stärkemolecüls und durch einfache Hydratation des so entstandenen Dextrins, anzunehmen. Der oben angeführte Versuch 13 zeigt ausserdem einen interessanten Fall, wo die Stärke sämmtlich in Dextrin übergeführt, während der Zucker nur spurweise gebildet wurde. Von Dubrunfaut wurde ebenfalls angegeben [1]), dass bei den Temperaturen über 75° C. anfangs die Verflüssigung des Stärkekleisters noch regelmässig von Statten geht, während die Bildung des Zuckers immer unvollständiger wird, so dass endlich bei 90° C. der Kleister zwar noch merklich aufgelöst wird, die Zuckerbildung aber bei dieser Temperatur nicht mehr stattfindet. Sollte die Möglichkeit der Dextrinbildung ohne gleichzeitige Bildung des Zuckers durch weitere Untersuchungen bestätigt werden, so wäre damit die Spaltungstheorie auf ein Mal beseitigt. Dem oben beschriebenen ähnliche Fälle sind mir aber wiederholt bei den qualitativen Versuchen über die Wirkungsweise der Fermente, und jedesmal

---

1) »Les Mondes.« T. XVI. p. 317, auch in Dingler's polytechnischem Journal. Bd. 184 (1868). p. 491; ebenfalls abgedruckt bei Fluhrer, »Die Diastase etc.« p. 153.

nur dann vorgekommen, wenn die Wirksamkeit der letzteren
besonders schwach war. Nach meinen Versuchen glaube ich
überhaupt annehmen zu müssen, dass die Umwandlung der
Stärke in Dextrin, und die Bildung des Zuckers zwei verschiedene Processe sind, welche auch ziemlich unabhängig von einander verlaufen können. — Verschiedene Fragen aber, die Wirkung der Fermente auf die Stärke, sowie die Bedeutung der
Säuren bei diesem Processe betreffend, wollte ich hier nur
andeutungsweise berühren, um sie später zum Gegenstande
einer besonderen Untersuchung zu machen.

3. Die Wirkung der Fermente auf die Stärkekörner.

Die Wirksamkeit des Malzfermentes konnte von allen Be-
obachtern nur als für Stärkekleister allein geltend constatirt
werden. In Bezug auf die Stärkekörner in ihrem normalen,
ungequollenen Zustande wurde das Ferment immer vollkommen
unwirksam gefunden. O'Sullivan hat die Kartoffelstärke mit
dem frischen Malzauszug 24 Stunden lang bei gewöhnlicher
Temperatur macerirt; nach Verlauf dieser Zeit hat weder die
Stärke etwas von ihrem ursprünglichen Gewichte verloren, noch
der Malzextract an specifischem Gewichte gewonnen, so dass
also in 24 Stunden nichts von Stärke aufgelöst wurde (l. c.
p. 133). Die alten Versuche von Guérin-Varry sind insofern interessanter, als sie von einer mikroskopischen Untersuchung der Stärkekörner begleitet wurden[1]. Die mit dem
Malzextract übergossene Kartoffelstärke wurde in ein enges, mit
Quecksilber verschlossenes Gefäss eingeführt, und bei 20—26°
stehen gelassen. Nach Verlauf von 63 Tagen enthielt die
Flüssigkeit fast keine Spuren von Zucker; an den Stärkekörnern selbst konnte unter dem Mikroskop keine Aenderung wahrgenommen werden. In anderen Versuchen von demselben
Beobachter wurden die Veränderungen verfolgt, welche die Kar-
toffelstärkekörner bei verschiedenen höheren Temperaturen im
Wasser und im Malzextract während einer Stunde erleiden. Im
Laufe dieser Zeit wurden kleine Mengen Zucker (in den mit
Malzauszug übergossenen Portionen) erst bei 54—55° (C.?) ge-

---

1) Annales de chimie et de physique. T. LX (1835). p. 32.

bildet, d. h. bei einer Temperatur, wo auch die ersten Spuren
des Aufquellens der Stärkekörner (im Wasser und Malzauszug
gleichzeitig) zu bemerken waren. Aus diesen Versuchen wird
von Guérin-Varry geschlossen: »die Diastase hat keine
Wirkung auf die nicht gesprungenen Stärkekörner; nur die
verkleisterte Stärke wird von ihr aufgelöst und in Zucker verwandelt« (l. c. p. 52). Demgemäss wird von Guérin-Varry
die etwaige Bedeutung der Diastase bei dem Auflösungspro-
cesse der Stärkekörner in den keimenden Samen entschieden
geläugnet. Schlossberger war ebenfalls der Ansicht, dass
die Auflösung der Stärkekörner in den keimenden Samen u. s. w.
der Wirkung einer anderen Substanz, als der zu isolirenden
»Diastase« zugeschrieben werden muss [1]. Mulder glaubte dagegen annehmen zu müssen, dass der Unterschied in der Wirksamkeit des Fermentes in den beiden Fällen nur ein quantita-
tiver ist, »dass die sogenannte Diastase bei ihrer Ausscheidung
auf künstlichem Wege von ihrer Wirksamkeit etwas einbüsse,
und deshalb eine höh.re Temperatur verlange, um ihre Wirksamkeit zu äussern, also wenn dieselbe nicht mit Alkohol behandelt, nicht erwärmt oder getrocknet wurde« (l. c. p. 222).
    Wenn die Wirkung des Malzfermentes auf die nicht ge-
quollenen Stärkekörner bisher von keinem Beobachter bemerkt
werden konnte, so hat das zum grossen Theil einen rein zu-
fälligen Grund, den nämlich, dass zu den betreffenden Versuchen
immer nur Kartoffelstärke benutzt wurde; die Kartoffelstärkekörner gehören aber zu denjenigen, welche, soviel ich beobachtet
habe, am schwersten von dem Fermente angegriffen werden.
Nimmt man dafür die Weizen- oder Buchweizenstärke, so ist
es leicht, sich zu überzeugen, dass die Körner von den Fermenten bei gewöhnlicher Temperatur auf ganz dieselbe Weise
aufgelöst werden, wie es in den keimenden Samen selbst geschieht. Zu diesen Versuchen habe ich dieselben, durch Fällen
mit Alkohol und nachheriges Auflösen im Wasser gewonnenen
fermenthaltigen Flüssigkeiten benutzt, welche mir auch zu den
vorherbeschriebenen Versuchen gedient haben. Die rohen,
wässerigen Auszüge der Pflanzentheile wirken auch hier auf
ganz dieselbe Weise, wurden aber von mir ihrer geringen Halt-

---

1) Organ. Chemie. 1857. p. 121; citirt bei Mulder: Die Chemie des
Bieres. p. 222.

barkeit wegen nur selten gebraucht. Die wässerigen Lösungen
des alkoholischen Niederschlags bieten ausserdem den Vortheil,
dass die Concentration des Fermentes dabei bedeutend erhöht
werden kann. — Die Mitwirkung einer Säure scheint eine
ganz nothwendige Bedingung für die Wirksamkeit des Fermentes auf die Stärkekörner zu sein. Ich habe schon früher
angegeben, dass die nach der Methode von Payen gewonnenen fermenthaltigen Lösungen immer eine mehr oder weniger
ausgesprochene, gewöhnlich aber nur schwach saure Reaction
zeigen. In diesem Zustand ist auch ihre Wirksamkeit auf die
Stärkekörner gewöhnlich nur ziemlich schwach; sie wird aber
bedeutend erhöht, wenn der Lösung eine geringe Menge einer
Säure zugesetzt wird. Ich habe nur die Versuche mit Salzsäure, Essigsäure, Ameisensäure und Citronensäure angestellt,
und habe sie alle in derselben Weise, wenn auch in ungleichem
Grade wirksam gefunden. Zu der fermenthaltigen Lösung
wurde nur soviel von einer sehr verdünnten Säure zugesetzt,
dass die Lösung eine röthlich-violette Färbung des blauen Lak-
muspapiers hervorrief; zu grosse Mengen Säure können dagegen leicht das Ferment vollkommen unwirksam machen. Bei
den vergleichenden Versuchen über die Wirksamkeit verschiedener der obengenannten Säuren, wurde der Zusatz der letzteren nicht nach ihren Aequivalentverhältnissen, sondern ein-
fach nach ihrer Wirkung auf Lakmuspapier regulirt. Diese
Versuche zeigten, dass die Salzsäure, Essigsäure und Citronensäure in ihrer Wirksamkeit kaum zu unterscheiden sind, die
Wirkung der Ameisensäure aber entschieden günstiger ist, als
die der übrigen genannten Säuren. Es ist daran zu erinnern, dass
v. Gorup-Besanez dieselbe Bedeutung der Ameisensäure
auch für die peptonbildenden Fermente constatiren konnte. —
Die Versuche über die Wirkung der Fermente auf die Stärkekörner wurden überhaupt in der Weise angestellt, dass eine
kleine Menge (etwa 2—3 Centigr.) rein ausgewaschener, luft-
trockener Stärke in einem kleinen, gut zugedeckten Uhrglase
mit etwa 2—3 ccm angesäuerter Fermentlösung übergossen,
und bei gewöhnlicher Temperatur stehen gelassen wurde; jeden
Tag wurden dann die Stärkekörner mikroskopisch untersucht.
Folgende Stärkearten wurden von mir auf ihr Verhalten gegen
die Fermente geprüft. Die Stärke aus den Samen von *Polygonum Fagopyrum*, *Phaseolus multiflorus*, *Mirabilis Jalapa*,

Quercus pedunculata, *Aesculus Hippocastanum*, Kartoffelstärke, käufliche Weizen- und Reisstärke. Verschiedene Stärkearten werden von den Fermenten mit sehr verschiedener Leichtigkeit angegriffen. Am leichtesten wird die Buchweizen-, dann die Weizenstärke und diejenige von *Phaseolus multiflorus*, schwerer die von *Mirabilis*, *Quercus* und *Aesculus*, nur sehr schwer die Kartoffelstärke und besonders die Reisstärke aufgelöst; unter den untersuchten ist mir aber keine Stärkeart vorgekommen, deren Körner der Wirkung der Fermente vollkommen zu widerstehen vermochten. — Eine gewisse Stärkeart wird nicht etwa von dem Fermente derselben Pflanze allein, sondern von jedem stärkeumbildenden Fermente ohne Unterschied auf ganz dieselbe Weise angegriffen, — noch ein Beweis zu Gunsten der Identität aller derartigen Fermente. Von den letzteren sind es folgende, deren Wirksamkeit auf die Stärkekörner von mir beobachtet wurde: das Ferment des Gerstenmalzes, das Ferment aus den gekeimten Samen von *Polygonum Fagopyrum*, *Mirabilis Jalapa*, *Phaseolus multiflorus* (Cotyledonen), *Aesculus Hippocastanum* (Cotyledonen), aus den treibenden Kartoffelknollen, den treibenden Rüben, aus den Stengeln und Blättern von *Phaseolus multiflorus*, aus den Blättern von *Eriobotrya japonica*, *Acanthus cordifolia* und *Tradescantia discolor*. Die Wirksamkeit verschiedener Fermente bei der Auflösung der Stärkekörner geht immer der Energie ihrer Wirkung auf den Stärkekleister parallel. Da die verschiedenen Stärkearten der Einwirkung der Fermente in sehr ungleichem Grade widerstehen, so ist es begreiflich, dass die Wirksamkeit der schwachen Fermente sich nur auf die Körner der leichter angreifbaren Stärkearten beschränkt; die Kartoffel- oder Reisstärke dagegen kann nur durch die kräftig wirkenden Fermente angegriffen werden.

Es wird kaum nöthig sein, besonders hervorzuheben, dass die weiter zu beschreibenden Erscheinungen des Auflösens der Stärkekörner der Wirkung der Fermente selbst, und nicht etwa irgend welchen fremden Einflüssen zuzuschreiben sind. Beim längeren Stehenbleiben wird zwar immer die Flüssigkeit voll von Bacterien; die leichter angreifbaren Stärkekörner werden aber in 24 Stunden schon sehr stark corrodirt, — zu der Zeit also, wo die Flüssigkeit noch ganz frei von Organismen bleibt. Ebenso wenig ist die Auflösung der Körner der Wirkung der Säure für sich zuzuschreiben: Kartoffelstärkekörner wurden durch 33 Tage lang dauerndes Maceriren in dem mit *HCl* angesäuerten Wasser nicht im Mindesten verändert gefunden; dasselbe zeigte die Kartoffelstärke, welche in sehr verdünnter Essigsäure macerirt wurde. Die Stärkekörner der Rosskastanie sind zwar nach einen Monat lang dauerndem Maceriren in sehr schwacher Essigsäure bedeutend durchsichtiger geworden, allein diese Veränderung hatte nur wenig Aehnlichkeit mit derjenigen, welche durch die Wirkung der Fermente bedingt wird. Die Veränderungen, welche die Stärkekörner unter dem Einflusse der Fermente erleiden, sind überhaupt so eigenthümlicher Art, dass sie bis jetzt nur in den lebendigen Pflanzenzellen beobachtet, nicht aber auf künstliche Weise hervorgerufen werden konnten. — Die Corrosionserscheinungen aber, welche die Stärkekörner beim Keimen der Samen, Treiben der Knollen, Wurzeln u. s. w. erleiden, scheinen nur wenig beobachtet worden zu sein. Ich will deshalb die Erscheinungen näher beschreiben, welche an einigen Stärkearten unter der Einwirkung der Fermente ausserhalb der Zelle beobachtet werden, da sie hier viel leichter und darum vollständiger, als innerhalb der Zellen zu verfolgen sind, und doch das Studium dieser Erscheinungen seinerseits gewisse Beiträge zur Kenntniss der Structur der Stärkekörner liefern kann.

Die Stärkekörner von *Phaseolus multiflorus* (Fig. 1) werden immer von innen aus gelöst. Nach 24stündiger Einwirkung des Fermentes findet man schon mehrere Körner, welche im Innern eine Art Höhlung besitzen, die anfangs mit einer körnigen Masse erfüllt zu sein scheint, und deren Form der des ganzen Korns entspricht (*a*). Die Höhlung erweitert sich und wird inzwischen ganz durchsichtig; seine Wandung (resp. die äusseren Kornschichten) wird dann an einigen Stellen durchbrochen, so dass hier die Höhlung nach Aussen mündet (*b*). Jetzt zeigt sich aber, dass die scheinbare Höhlung vielmehr von einer homogenen, sehr durchsichtigen Substanz gebildet wird, welche an Stelle der herausgelösten Kornmasse zurückbleibt. Die dichte, noch unveränderte Masse des Korns schwindet immer mehr, so dass zuletzt nur winzige Flocken und Streifen von ihr übrig bleiben, welche an der Peripherie des nun vom Korne zurückbleibenden Skelets unregelmässig zerstreut sind. Ein solches Skelet stellt ein durchsichtiges, glashelles, zart aber scharf contourirtes Scheibchen dar, welches die Form und Grösse des unveränderten Kornes vollkommen beibehält; die Schichtung ist oft an diesen Skeleten noch schärfer als an den intacten Körnern zu sehen. — Versucht man die Körner in dem Zustande wie *b*, *c*, *d* mit wässeriger Iodlösung zu färben, so findet man, dass alle dichten Partien die gewöhnliche Stärkereaction zeigen, während die durchsichtig gewordenen Theile, die Skelete, auch nach längerer Einwirkung des Reactivs vollkommen farblos bleiben. Die Skelete enthalten also keine Granulose mehr, und es ist ebenso leicht, sich zu überzeugen, dass sie aus reiner Cellulose bestehen: wird nämlich, statt reinem Iod, Iodkalium-Iodlösung angewendet, so werden die Skelete nach kurzer Zeit bräunlich, dann kupferroth, um schliesslich nach und nach in violett überzugehen. Durch die Einwirkung der Pflanzenfermente wird also zuerst die Granulose der Stärkekörner aufgelöst, ebenso wie das unter dem Einflusse des Speichelfermentes geschieht. Die Cellulose der Bohnenstärkekörner bleibt aber keineswegs unlöslich: bei längerer Einwirkung des Fermentes sieht man vielmehr die Skelete immer durchsichtiger und zarter werden, so dass sie zuletzt nur im gefärbten Zustande zu unterscheiden sind; ihre Contouren, anfangs scharf, werden nach und nach verschwommen und ausgebuchtet, und die Skelete verschwinden endlich vollständig. Bei Anwendung der stark wirkenden Fermente konnte das vollständige Verschwinden der Stärkekörner nach 4—5 Tagen beobachtet werden.

In den keimenden Samen von *Phas. multifl.* sind ganz dieselben Veränderungen der Stärkekörner zu beobachten. Es finden sich dort aber öfters Körner, welche nicht etwa von innen aus, sondern gleichmässig so ausgezogen werden, dass sie nach und nach die Durchsichtigkeit der Skelete in ihrer ganzen Masse gleichzeitig annehmen. Eine ähnliche Erscheinung habe ich auch bei den künstlichen Auflösungsversuchen in einigen Fällen beobachtet, wo die Wirkung des Fermentes nur schwach und langsam war; zu der Bildung der wirklichen Skelete kam es übrigens in diesen Fällen nicht. — Diese letzte Abweichung von dem gewöhnlichen Gange der Auflösungserscheinungen ist wahrscheinlich dem Umstande zuzuschreiben, dass die Stärkekörner im betreffenden Falle mehr gleichmässig in allen Theilen vom Fermente durchdrungen werden. Die frischen Stärkekörner der Feuerbohne zeigen fast ausnahmslos

ein verzweigtes System der Spalten und Sprünge, von denen
einige bis an die Peripherie des Kornes reichen. In den gewöhnlichen Fällen dringt wahrscheinlich das Ferment durch
diese Spalten in das Innere des Kornes ein, um hier die Auflösung zu beginnen, bevor noch die äusseren, dichten Kornschichten vom Fermente imprägnirt werden. Dem entsprechend
sieht man auch gewöhnlich die innere Höhlung, vor Allem der
Richtung der Spalten folgend, sich nach aussen erweitern, um
an diesen Stellen auch zuerst die Peripherie des Kornes zu erreichen.

Während in den oben beschriebenen Fällen das Herauslösen der Granulose ziemlich gleichmässig von innen nach aussen
fortschritt, zeigten in dieser Beziehung die Stärkekörner, welche
aus anderen Samen von derselben Pflanzenart erhalten wurden,
ein etwas abweichendes Verhalten. Die Granulose verschwand
hier nämlich in verschiedenen Theilen der Stärkekörner sehr
ungleichmässig, wie das an der Fig. 1 *f* ohne Weiteres zu
sehen ist; die zurückbleibenden Skelete, trotzdem sie aus reiner
Cellulose bestanden, waren doch ungemein substanzreich und
fast ebenso scharf contourirt, wie die noch unveränderten Körner. Durch längere Einwirkung der Fermente wurden diese
Skelete dennoch aufgelöst. — Es ist daraus zu sehen, dass der
Gehalt an Cellulose auch bei Stärkekörnern von derselben
Pflanze sehr verschieden sein kann, denn es scheint mir wenig
wahrscheinlich, die beschriebene Abweichung der Verschiedenheit in den relativen Löslichkeitsverhältnissen der Granulose
und Cellulose der verschiedenen Körner zuzuschreiben.

Auf eine ähnliche Weise wie die von *Phaseolus* werden
auch die Stärkekörner von *Quercus pedunculata* aufgelöst. Der Process beginnt jedesmal in der Mitte des Korns,
wo ein heller Raum entsteht, der sich allmählich erweitert.
Der Unterschied besteht nur darin, dass der helle Raum nicht
scharf nach aussen begrenzt wird, sondern allmählich in die
unveränderte Kornsubstanz übergeht. Hat der Auflösungsprocess
die Peripherie des Stärkekorns erreicht, so ist somit nur die
Granulose des Kornes verschwunden; die Cellulose bleibt aber,
wie bei *Phaseolus*, in Form eines scharf contourirten Skelets zurück. Die Cellulosereaction ist hier schwieriger, als an den
Skeleten der *Phaseolus*-Stärkekörner hervorzurufen, denn mit
Iodkalium-Iodlösung werden dieselben zuerst nur gelblich ge-

färbt; bei längerer Einwirkung des Reactivs geht aber diese
Färbung durch Kupferroth in Violett über. Die Celluloseskelete werden hier ebenfalls vollständig aufgelöst.

Die Kartoffelstärkekörner (Fig. 2) gehören auch zu
denjenigen, welche nach dem Herauslösen der Granulose sehr
substanzreiche Celluloseskelete zurücklassen. Der Auflösungsprocess beginnt aber hier nicht im Innern, sondern an der
Peripherie des Stärkekorns, wo zunächst kleine, scharf umschriebene, rundliche oder unregelmässige helle Flecken erscheinen: Im Profil gesehen (a, b) zeigen sich die Flecken als
Einbuchtungen, welche in das Innere des Korns hineinragen
und von einer weichen, durchsichtigen Substanz erfüllt sind;
an dieser letzteren ist oft feine und doch scharfe Schichtung
wahrzunehmen. Manchmal sind die Stellen, an denen die
Corrosion der Oberfläche gleichzeitig beginnt, sehr zahlreich
und unregelmässig; sie verschmelzen auf verschiedene Weise
mit einander, so dass die Oberfläche des Korns mit den compli-
cirtesten Zeichnungen bedeckt erscheint (f). Die corrodirten
Stellen vertiefen sich canalartig in das Innere des Korns, wo
sie sich dann erweitern, so dass von nun an der Auflösungsprocess in der umgekehrten Richtung, d. h. von der Mitte aus
weiter fortschreitet (c). Weitere Erscheinungen an dem Stärkekorn sind nun denjenigen ähnlich, welche ich schon für *Phaseol.*
multifl. beschrieben habe, und welche durch die beigegebenen
Zeichnungen (d, g) genügend erläutert werden. Die zurückbleibenden Celluloseskelete zeigen anfangs scharfe Contouren
und mehr oder weniger deutliche Schichtung; das Letztere gilt
besonders für die Skelete der grösseren Körner; diese Skelete
pflegen auch sehr substanzreich zu sein, und ihre äusseren
Schichten sind sichtbar bedeutend dichter, als die inneren Theile.
Durch Iodkalium-Iodlösung wird an den Skeleten der Kartoffelstärkekörner die Cellulosereaction verhältnissmässig nur schwer
hervorgerufen: anfangs werden sie immer nur schwach gelb
gefärbt und es bedarf nicht weniger, als $\frac{1}{2}$—1 Stunde, bis
diese Färbung durch Braun in Violett übergeht. Die äusseren,
dichten Schichten der Skelete werden dabei schwieriger als
die übrigen Theile gefärbt, und behalten gewöhnlich einen
braunen Ton noch zu der Zeit, als die inneren Theile schon
eine rein violette Färbung angenommen haben. — Die Auflösung der Celluloseskelete scheint hier aber verhältnissmässig

rasch zu erfolgen; manchmal findet man Körner, wie k, wo
ein Theil noch ganz unverändert bleibt, während von dem anderen das Skelet selbst schon fast aufgelöst ist.

In den wenigen treibenden Kartoffelknollen, die ich untersuchte, fand ich die Stärkekörner immer auf eine etwas andere
Weise in Auflösung begriffen. Die Auflösung scheint hier immer im Centrum des Korns zu beginnen; von da aus greift der
Process gleichmässig weiter um sich, so dass das Stärkekorn
schliesslich in eine dünnwandige Blase verwandelt wird, deren
Wand jedoch nicht scharf nach innen abgegrenzt ist, sondern
allmählich in den inneren Hohlraum übergeht (m). — Wir werden weiterhin Thatsachen kennen lernen, welche derartige Abweichungen im Gange des Auflösungsprocesses als unwesentlich
erscheinen lassen.

Die Stärkekörner von *Aesculus Hippocastanum*
(Fig. 3) werden ausserhalb der Zelle auf folgende Weise durch
die Einwirkung der Fermente verändert. An dem vom Kerne
des Stärkekorns am meisten abgelegenen Theile des letzteren
wird eine durchsichtige Stelle von im Ganzen dreieckiger Form
gebildet, wo die sonst wenig sichtbaren Schichten besonders
scharf und zahlreich hervorzutreten pflegen (a). Der durchsichtige Raum dringt tiefer in das Innere des Stärkekorns, erreicht
den Kern und greift um ihn herum; inzwischen werden einzelne Schichten oder die Schichtencomplexe rascher, als die
anderen ausgelöst, weshalb diese letzteren als dunklere, quere
Leisten erscheinen, welche dem Korne ein eigenthümliches, ge-
streiftes Aussehen geben (b). Die wenig veränderten, dichteren
Partien gehören den peripherischen Kornschichten; ist darum
der Auflösungsprocess im Inneren weit genug fortgeschritten,
so erhält das Korn beim Herumwälzen in der Flüssigkeit den
Anschein einer Blase mit vielfach und unregelmässig durch-
löcherter Wand. Von der letzteren bleiben zuletzt nur vereinzelte Stückchen, welche aber ihre frühere Lage noch beibehal-
ten, so dass die Umrisse des früheren Stärkekorns immer noch
genau erkannt werden können (c). Dieser Umstand beweist,
dass nach dem Auflösen der Granulose hier ebenfalls ein Rückstand übrig bleibt, welcher ohne Zweifel aus Cellulose besteht
und nur so zart ist, dass er nicht direct gesehen werden kann.
Durch Iodkalium-Iodlösung nehmen die Zwischenräume bald

eine schwach violette Färbung an, bald scheinen sie ganz
ungefärbt zu bleiben.

Eigenthümlich sind die Corrosionserscheinungen, welche die
Stärkekörner in den Cotyledonen der keimenden Samen aufweisen. Man findet hier nämlich sehr oft Stärkekörner, die
im Inneren noch vollkommen unverändert, an ihrer Oberfläche
aber wie abgenagt erscheinen (*f*). Von der flachen Seite gesehen, zeigen die Körner, gewöhnlich nur an dem, dem Kern-
ende gegenüberliegenden Rande, seltener auch an den Seiten-
rändern, kleine rundliche Ausschnitte, bezw. Vertiefungen,
wo die Substanz der Stärkekörner vollkommen herausgelöst ist;
oft werden ebensolche Vertiefungen auch an den flachen Seiten
gebildet, wo sie dann, von oben gesehen, als helle Kreise erscheinen. Im Profil gesehen, erscheinen die Vertiefungen immer scharf contourirt, was beweist, dass das lösende Ferment
nur rein oberflächlich wirkt, und gar nicht in die Substanz der
Stärkekörner einzudringen vermag. Nicht selten werden Zustände, wie in *d* dargestellt, angetroffen, wo ein grosser Theil
des Stärkekorns vollständig verschwunden ist, während der
übrige, scharf abgegrenzte, nicht im Mindesten verändert zu
sein scheint. — Der weitere Verlauf des Auflösungsprocesses
bei einer solchen, rein oberflächlichen Wirkung des Fermentes,
ist mir nicht klar geworden; die Klümpchen, wie in *g* abgebildet, welche offenbar ein weiteres Stadium des beschriebenen
Auflösungsprocesses darstellen, werden nur äusserst selten gefunden. Bei der Keimung der massiven Samen von *Aescul.
Hippocast.* wird immer nur ein sehr geringer Theil der Stärke
verbraucht, und es scheint mir deshalb wahrscheinlich, dass
die Stärkekörner, welche dem Fermente so schwer zugänglich
sind, dabei auch nicht weiter verändert werden. — Meistens
werden aber die Stärkekörner in den keimenden Rosskastanien-
samen auf eine andere, gerade entgegengesetzte Weise, d. h.
von innen aus aufgelöst. In diesem Falle ist der Vorgang
ganz demjenigen ähnlich, den ich schon für die Kartoffelstärkekörner beschrieben und (Fig. 2 *m*) abgebildet habe. — In einem
und demselben Samen werden aber die Stärkekörner nur auf
eine bestimmte Weise angegriffen; um die beiden Extreme in
typischer Form zu beobachten, müssen deshalb immer mehrere
Samen durchmustert werden. Bei den Weizensamen werden

wir Gelegenheit haben, dieselbe Erscheinung noch schärfer ausgeprägt zu beobachten.

Die Stärkekörner von *Polygonum Fagopyrum* (Fig. 4) sind wegen ihrer Kleinheit schwerer zu beobachten. Bei einer 300 maligen Vergrösserung erscheinen die Körner in den ersten Stadien der Veränderung wie gestreift, wobei die feinen, dunklen Linien, wie die Radien eines Kreises vom Centrum des Stärkekorns bis an seine Peripherie verlaufen; diese Linien sind ausserdem nicht glatt, sondern wie aus einer Reihe dunkler Punkte gebildet. Bei 500 maliger Vergrösserung ist deutlich zu verfolgen, dass die Körner von aussen her und zwar auf die Weise angegriffen werden, dass von ihrer Peripherie beginnend, zahlreiche enge Canäle gebildet wurden, welche immer tiefer in die Masse des Korns eindringen, bis sie dessen Centrum erreicht haben. Bei dieser Vergrösserung erscheinen die Canäle auch heller als die anderen Stellen und quergestreift; das Letztere rührt von der Schichtung des Stärkekorns her, welche, sonst unsichtbar, an den canalartig angegriffenen Stellen deutlich hervortritt (*a*). Im Centrum des Korns wird seine Substanz leichter aufgelöst, und hier fliessen deshalb die Canäle zu einer kleinen Höhlung zusammen. Von nun an schreitet der Auflösungsprocess schon in centrifugaler Richtung weiter fort. Die Figuren *b*, *c* können die weiteren successiven Auflösungsstadien veranschaulichen und machen die Beschreibung überflüssig. Endlich bleibt von dem Stärkekorn nur ein Kranz von vereinzelten kleinen Körnchen übrig, welche offenbar durch die zurückgebliebene, wenn auch unsichtbare Masse der Cellulose zusammengekittet sind. — In den keimenden Buchweizensamen werden die Stärkekörner auf ganz dieselbe Weise angegriffen.

Unter allen von mir untersuchten sind die Buchweizen-Stärkekörner diejenigen, welche am leichtesten von den Fermenten angegriffen werden. Nach 24 stündiger Einwirkung eines starken, mit Ameisensäure angesäuerten Fermentes findet man von den meisten Stärkekörnern nur winzige Reste übrig geblieben; nach 48 Stunden sind gewöhnlich schon alle Stärkekörner spurlos verschwunden. Ich habe versäumt, das Minimum der Zeit zu bestimmen, in welcher die ersten Veränderungen der Körner wahrgenommen werden können; wahrscheinlich muss hier aber dieses Minimum auf wenige Stunden beschränkt sein.

Die Stärkekörner von *Triticum vulgare* (Fig. 5)
werden von den Fermenten fast ebenso leicht wie die vorher-
gehenden angegriffen. Die Stärkekörner der Weizensamen sind
bekanntlich zweierlei Art: die einen gross und flach, von me-
niskenförmiger Gestalt, die anderen klein und mehr oder weniger
kugelförmig. Ich werde die Corrosionserscheinungen beschreiben, wie sie an den grossen Körnern beobachtet werden, da
sie hier leicht Schritt für Schritt zu verfolgen sind. Die ersten
Veränderungen sind ganz dieselben, wie an den Stärkekörnern
von *Polygonum*. Werden nämlich die Körner von der Fläche
gesehen, so bemerkt man helle, scharf begrenzte Streifen, welche
von dem Rande der Scheiben nach der Mitte derselben gerichtet
sind, ohne aber gewöhnlich das Centrum selbst zu erreichen.
An den Streifen tritt sehr scharf eine in Bezug auf das ganze
Korn concentrisch gerichtete Schichtung hervor, welche an den
unveränderten Theilen des Stärkekorns hier gar nicht zu bemerken ist. Ebensolche canalartig corrodirte Partien dringen
auch von den flachen Seiten in das Innere des Korns ein; diese
werden aber an den Flächen des Stärkekorns nur als kleine,
scharf umschriebene helle Kreise gesehen, welche den runden
Tüpfeln der Parenchymzellen äusserst ähnlich sind (*a*). Die
hellen Partien des Stärkekorns werden inzwischen etwas breiter, so dass die zwischen ihnen liegenden, noch unveränderten
Theile jetzt nur als radiale, dichte Leisten in der hellen, concentrisch geschichteten Masse des Stärkekorns erscheinen (*c*).
Gleichzeitig fangen die hellen Partien an, von aussen her allmählich abzuschmelzen; die dichten Leisten halten mit ihnen
nicht den gleichen Schritt, und ihre Enden ragen deshalb gewöhnlich mehr oder weniger frei hervor. Nachdem auch diese
schliesslich aufgelöst sind, bleibt nur ein Scheibchen übrig,
welches aus dem mittleren Theil des Stärkekorns gebildet wird,
— wo die seitlichen Canäle nicht vorgedrungen waren. Ein
solches Scheibchen schmilzt nun an seiner Oberfläche und an
den Wänden der Canäle, welche von den flachen Seiten des
Stärkekorns sich in dessen Mitte eingebohrt haben. Zuletzt
bleibt von dem ganzen Stärkekorn nur ein unregelmässiges und
vielfach nach verschiedenen Richtungen durchlöchertes Klümpchen übrig, bis auch dieser Rest vollständig verschwindet. Die
Figuren *c*, *f*, *g* werden die successiven Auflösungsstadien genügend veranschaulichen. — Nicht selten beginnt die Auflösung

mit der Bildung concentrischer Spalten, welche offenbar den
herausgelösten einzelnen Schichtencomplexen des Stärkekorns
entsprechen (*b*); in solchen Fällen pflegt das Korn, ohne vor-
hergehende Bildung der radialen Canäle, allmählich von aussen
her abzuschmelzen, wodurch Gebilde, wie in *d* dargestellt,
zu Stande kommen. Gewöhnlich wird aber die Bildung der
concentrischen Spalten auf verschiedene Weise mit den radialen
Canälen combinirt, so dass die Corrosionsbilder, welche verschiedene Stärkekörner darbieten, hier überhaupt äusserst
mannigfaltig und complicirt sind. — In seltenen Fällen werden auch Körner angetroffen, welche in allen Theilen gleichmässig ausgezogen werden; sie werden dabei sehr durchsichtig und zeigen 2—3 concentrische, in einander allmählich
übergehende Zonen von verschiedener Dichtigkeit (*h*); das
definitive Verschwinden solcher Körner kann entweder durch
das Abschmelzen von aussen (*k*) oder durch das allmähliche,
bis zum Unkenntlichwerden gehende Ausziehen derselben (*m*)
zu Stande kommen.

An den Stärkekörnern von *Triticum vulgare*, welche unter
dem Einflusse der Fermente aufgelöst werden, konnte ich in keinem Falle ein nach dem Extrahiren der Granulose etwa zurück-
bleibendes Celluloseskelet wahrnehmen. In allen Auflösungsstadien und an den Stellen, wo die Masse des Stärkekorns
schon nahe zum Verschwinden war, konnte ich mit wässeriger
Iodlösung immer noch violette Färbung der Substanz hervor-
rufen. Die Körner, wie die bei *m* abgebildeten, bestanden, trotz
so grosser äusserer Aehnlichkeit mit den zarten Celluloseskeleten
der Stärkekörner von *Phaseolus* u. a., dennoch aus Granulose,
denn sie wurden mit wässeriger Iodlösung in allen ihren Theilen violett gefärbt. Es kann daraus natürlich noch nicht geschlossen werden, dass die Stärkekörner von *Triticum vulgare*
überhaupt keine Cellulose enthalten, denn dasselbe Resultat
sollte auch in dem Falle erhalten werden, wenn die Löslichkeit der Cellulose bedeutender, oder wenigstens der Löslichkeit
der Granulose der betreffenden Körner gleich wäre.

In den keimenden Weizensamen selbst werden die Stärkekörner auf verschiedene Weise angegriffen, so dass man hier
alle oben beschriebenen Zustände antreffen kann. In einem
und demselben Samen geht aber merkwürdigerweise der Auflösungsprocess immer nur auf eine bestimmte Weise vor sich.

Der gewöhnliche Fall scheint dabei der folgende zu sein: in dem Stärkekorn wird zunächst, in einiger Entfernung vom Rande der Scheibe, eine concentrische Spalte gebildet; in dem mittleren, von der letzteren umgrenzten Raume tritt ein System der unregelmässig verästelten Spalten auf, wodurch dieser Theil wie in Stücke zerfallen erscheint, während der ihn umgebende ringförmige Saum ununterbrochen bleibt. Der letztere wird gleichmässig in seiner ganzen Masse ausgezogen, und es ist an ihm dabei oft eine feine, radiale Streifung zu bemerken. — Die Abweichungen, welche die Stärkekörner der einzelnen Samen im Verlaufe ihres Auflösungsprocesses aufweisen, machen auch die Widersprüche in den von Sachs[1]) und A. Gris[2]) gegebenen Beschreibungen des betreffenden Processes erklärlich. Die Angabe von Sachs aber, wonach die angegriffenen Stärkekörner zuerst ihre Granulose verlieren, so dass sie ein mit Iod sich weinroth färbendes Skelet zurücklassen, konnte ich bei zahlreichen Beobachtungen nicht bestätigt finden. In den keimenden Samen, ebenso wie bei den Auflösungsversuchen ausserhalb der Zelle, verhielten sich die Weizenstärkekörner gegen die wässerige Iodlösung auf dieselbe Weise, d. h. sie wurden bis zu ihrem völligen Verschwinden immer nur blau-violett gefärbt.

Die Stärkekörner von *Mirabilis Jalapa* sind, wie bekannt, aus einer grossen Anzahl von Theilkörnern zusammengesetzt, welche leicht auseinander fallen und im isolirten Zustande äusserst kleine, Molecularbewegung zeigende Kügelchen darstellen. Es ist nicht möglich, die Corrosionserscheinungen dieser winzigen Körperchen einzeln zu verfolgen, es ist aber leicht, im Ganzen zu constatiren, dass sie ebenfalls unter dem Einflusse der Fermente aufgelöst werden. Ihre Contouren werden dabei unbestimmt und verschwommen, und die einzelnen Theilkörner verwandeln sich nach und nach in kaum zu unterscheidende dunkle Punkte, um schliesslich ganz unsichtbar zu werden. In den Stärkekörnern oder deren Fragmenten, welche nicht in einzelne Körner zerfallen sind, werden zuerst die an der Peripherie der Gruppen liegenden Theilkörner angegriffen, während die anderen noch unverändert bleiben. Sind solche

---

1) Botan. Zeitung. 1862. p. 147.
2) Annales de sciences naturelles (Botanique). 4me sér. T. XIII. (1860). p. 110.

Gruppen nicht sehr umfangreich, so werden schliesslich alle
Theilkörner in ihnen verändert, und das ganze Fragment des
Stärkekorns nimmt das Aussehen einer halbdurchsichtigen, fein-
körnigen Masse an.

Die Stärkekörner von *Oryza sativa* sind der Grösse
und Form nach den Buchweizenstärkekörnern sehr ähnlich,
bilden aber in Bezug auf ihre Löslichkeit ein gerade entgegen-
gesetztes Extrem, denn, soviel ich beobachtet habe, sind sie
diejenigen, welche am schwersten von den Fermenten angegriffen werden. Die Corrosionserscheinungen dieser Stärkekörner habe ich nicht genau verfolgt, es scheint aber, dass sie
hier mit der Bildung eines Hohlraums in der Mitte des Korns
beginnen; von da aus geht die Auflösung nach der Peripherie
fort, so dass die letzten Auflösungsstadien denjenigen ähnlich
sind, welche ich schon für die Stärkekörner von Buchweizen
oben beschrieben und abgebildet habe (Fig. 4 c).

Die genaue Verfolgung der Corrosionserscheinungen, welche
die Körner der verschiedenen Stärkearten darbieten, lässt sofort gewisse Abweichungen in ihrem inneren Baue hervortreten.
Bei den meisten der untersuchten Stärkearten (Bohnen-, Buch-
weizen-, Kartoffel-, Reisstärke) geht der Auflösungsprocess im
Inneren der Körner leichter, als in den äusseren Schichten derselben vor sich, — was auch mit den Forderungen der Nägeli'-
schen Theorie über den Bau der Stärkekörner vollkommen überein-
stimmt. Bei excentrischer Lage des weichen Kerns in dem
Stärkekorn sieht man dementsprechend die innere Höhlung gewöhnlich nach der Seite des Kerns sich vorwiegend ausbreiten
(Fig. 2 b, c). Schwieriger sind aber die Corrosionserscheinungen zu deuten, welche an den Weizenstärkekörnern beobachtet
werden. Wie aus der concentrischen Richtung der bei dem
Auflösen der Körner hervortretenden Schichten zu sehen ist,
sind diese Körner symmetrisch gebaut, so dass die Lage des
weichen Kerns hier mit der Lage des geometrischen Mittel-
punktes zusammenfallen muss. Nichtsdestoweniger wird der
mittlere Theil der runden Stärkekörner gewöhnlich schwerer,
als dessen peripherischen Theile aufgelöst. Die zuerst corrodirten Partien, welche canalartig in das Innere der Scheiben
eindringen, hören gewöhnlich in einiger Entfernung vom Rande
der letzteren auf, ohne den Mittelpunkt der Scheiben zu erreichen (Fig. 5 a, c); das definitive Auflösen des Stärkekorns

kommt dann durch allmähliches Abschmelzen von aussen zu Stande. Man wäre vielleicht geneigt, die Verschiedenheit der chemischen Zusammensetzung als die Ursache der leichteren Auflösbarkeit der Substanz der äusseren Theile dieser Stärkekörner anzunehmen, allein die Cellulose konnte ich hier überhaupt nicht nachweisen, sonst aber hat man keinen Grund, die etwaigen chemischen Modificationen der Granulose selbst anzunehmen. Es ist aber immer die Möglichkeit eröffnet, die verschiedenen Auflösungserscheinungen der specifischen Permeabilität für Fermente der Substanz der verschiedenen Stärkekörner, oder ihrer einzelnen Theile zuzuschreiben.

Eine andere beachtenswerthe Erscheinung ist die Bildung der Canäle, durch deren Vermittelung das Innere der Stärkekörner dem Fermente zugänglich gemacht wird. Die blosse Möglichkeit der Bildung solcher Canäle zeigt schon, dass nicht allein verschiedene concentrische Schichten, sondern auch verschiedene Partien der Substanz des Stärkekorns in der Richtung von aussen nach innen in ungleichem Grade vom Fermente angreifbar sind, und also ungleich dicht sein müssen. Besondere Bedeutung hat dabei der Umstand, dass solche Canäle immer scharf begrenzt sind, und nur wenig breiter werden, während inzwischen die concentrischen Schichten rasch eine nach der anderen verschwinden. Besonders klar tritt dieses Verhalten an den Weizenstärkekörnern hervor, wo die dichten Partien in Form von radialen Leisten mit frei hervorragenden Enden zurückbleiben, während die zwischen ihnen liegenden Sectoren schon stark erweicht, und zum Theil ganz verschwunden sind (Fig. 5 c). — Die in Auflösung begriffenen Stärkekörner der keimenden Weizensamen lassen oft, wie schon oben angegeben wurde, an dem Rande der Scheiben eine scharf ausgebildete radiale Streifung erkennen. — Unabhängig davon zeigen sich überall gewisse Theile der Stärkekörner bedeutend schwerer angreifbar als die anderen. Mit besonderer Klarheit tritt das an den Stärkekörnern hervor, bei denen nach Lösung der Granulose die durchsichtigen Celluloseskelete zurückbleiben, denn man findet hier gewöhnlich gewisse Theile der Körner scheinbar noch ganz unverändert, während die anderen schon in zarte Celluloseskelete verwandelt sind (Fig. 1 *f*, Fig. 2 *g*, *k*). Ebensolche Verschiedenheiten sind auch an den ganzen Stärkekörnern derselben Pflanzenart zu beobachten. So sind bei der

schwer angreifbaren Kartoffel- oder Reisstärke nach 24 stündiger Einwirkung eines starken Fermentes fast immer schon
einzelne corrodirte Körner zu finden, deren Zahl in den fol-
genden Tagen noch zunimmt; die Mehrzahl der Körner bleibt
hier aber auch nach mehrere Tage lang dauernder Einwirkung
des mehrfach erneuerten Fermentes vollkommen unverändert.
Noch schlagender vielleicht ist diese Erscheinung an den
Stärkekörnern der Feuerbohne oder Rosskastanie zu beobachten, denn hier findet man oft einzelne wenige Körner noch
vollkommen intact zu der Zeit, wo alle übrigen schon nahe
zum Verschwinden sind.

Es ist eine interessante Thatsache, dass in einzelnen Samen von derselben Pflanzenart der innere Bau der Stärkekörner
nicht ganz derselbe ist. Die beschriebenen Abweichungen,
welche einzelne Körner von derselben Stärkeart im Verlaufe
ihres Auflösungsprocesses bei gleichen äusseren Bedingungen
aufweisen (wozu die Weizenstärkekörner die besten Beispiele
liefern), können offenbar nur den Abweichungen in der inneren
Structur der einzelnen Stärkekörner zugeschrieben werden.
Nun zeigt sich aber, dass beim Keimen die Mehrzahl der Stärkekörner in einem und demselben Samen immer auf eine gleiche,
in verschiedenen Samen aber auf verschiedene Weise angegriffen wird. Was den Umstand betrifft, ob die Stärkekörner
in ihrer ganzen Masse vom Fermente durchdrungen werden,
oder ob die Wirkung des letzteren rein äusserlich ist, scheint
mir weniger bedeutend, und von äusseren Bedingungen abhängig zu sein. Bei den Auflösungsversuchen ausserhalb der
Zelle kann nämlich, je nach den Bedingungen, die Wirkungsweise des Fermentes in derselben Weise abweichen, und ich
habe schon oben bemerkt, dass bei Anwendung von schwach
wirkenden fermenthaltigen Lösungen das Aussaugen der Stärkekörner von *Phaseolus multiflorus* in ihrer ganzen Masse gleichmässig vor sich geht. Es scheint mir darum wahrscheinlich,
dass der Verlauf des Auflösungsprocesses in dieser Beziehung
von der Concentration der fermenthaltigen Lösung abhängig
ist. Bei starker Concentration wirkt das Ferment so energisch,
dass die äusseren Schichten der Stärkekörner schon angegriffen
werden, bevor die innere Masse der Körner vom Fermente
durchdrungen wird; dieser letzte Vorgang muss aber seinerseits durch die hohe Concentration des ohne Zweifel colloidalen

Fermentes bedeutend erschwert werden. Ist dagegen der Gehalt der die Stärkekörner umgebenden Mutterlauge an Ferment nur unbedeutend, wie das wahrscheinlich in den lebendigen Zellen der gewöhnliche Fall ist, so durchdringt das Ferment allmählich die ganze Masse des Stärkekorns, dessen centrale, weiche Theile werden dann der lösenden Wirkung die ersten unterliegen.

Die ungleiche Widerstandsfähigkeit gegen die Einwirkung der Fermente, welche die Körner von verschiedenen Stärkearten darbieten, kann nicht etwa deren Gehalt an schwerer löslicher Cellulose zugeschrieben werden, denn in den Stärkekörnern von *Phaseolus multiflorus* hat man ein Beispiel von leicht auflösbaren Körnern, welche aber nach dem Herauslösen der Granulose sehr derbe Celluloseskelete zurücklassen; andererseits scheinen die viel schwerer angreifbaren Stärkekörner von *Aesculus hippocastanum* doch viel weniger Cellulose zu enthalten. Das verschiedene Verhalten gegen die Einwirkung der Fermente kann deshalb nur der specifischen Verschiedenheit im inneren Gefüge der Stärkekörner von verschiedenen Pflanzen zugeschrieben werden.

4. Zur Frage von der chemischen Natur der stärkeumbildenden Fermente.

Payen und Persoz glaubten in dem alkoholischen Niederschlage des wässerigen Malzaufgusses einen besonderen chemischen Körper entdeckt zu haben, dem ausschliesslich die Eigenschaft zukommt, die Umbildung des Stärkekleisters zu bewirken. Der vermuthete Körper, den sie für stickstofffrei hielten, wurde von den Verfassern bekanntlich mit dem Namen »Diastase«[1] belegt. Diese Vorstellungsweise von der chemischen

---

[1] Dieser Name selbst ist auf Grund der ganz unrichtigen Vorstellungen construirt, welche die genannten Chemiker über die Structur der Stärkekörner und die Wirkungsweise des Fermentes auf den Stärkekleister gehegt haben. Payen und Persoz hielten nämlich die Stärkekörner für geschlossene Blasen, deren Inhalt aus einer gummiartigen, durch das Ferment in Dextrin und Zucker umzubildenden Substanz besteht, und deren Wände aus einer anderen Substanz gebildet sind, welche von dem Fermente nicht verändert wird. Beim Erwärmen im Wasser werden die

Natur des Fermentes stand im directen Widerspruch mit den damals schon bekannten Beobachtungen von Kirchhof und Th. de Saussure, denen zufolge die Eigenschaft, Stärke- kleister aufzulösen und in Zucker zu verwandeln, verschiedenen eiweissartigen Körpern der Gersten- und Weizensamen in mehr oder weniger bedeutendem Grade zukommt. Spätere, und oben schon angeführte Beobachtungen haben diejenigen von Kirch- hof und Saussure noch bedeutend erweitert und gezeigt, dass fast alle möglichen darauf untersuchten Flüssigkeiten des thierischen Organismus die gleiche Eigenschaft mit der »Diastase« theilen. Keiner der späteren Beobachter hat auch die Payen- Persoz'sche Anschauung von der specifisch-chemischen Natur der »Diastase« getheilt. Am entschiedensten hat sich Mulder mit der ihm eigenen Klarheit dagegen ausgesprochen [1]. Nach ihm kann die Eigenschaft, Stärkesubstanz aufzulösen und in Zucker zu verwandeln, unter Umständen allen eiweissartigen Körpern zukommen. Dazu sei nur nöthig, dass die Molecüle dieser Körper selbst in einem Zustande der Bewegung sich be- fänden, welche sie an die Molecüle der Stärkesubstanz über- tragen könnten. Mulder hielt somit die stärkeumbildenden Fermente für nichts anderes, als die eiweissartigen Stoffe, welche in einem bestimmten Zustande der »Zersetzung« be- griffen und in diesem Zustande fähig sind, die Umbildung der Stärkesubstanz zu bewirken. Der Zutritt von Sauerstoff zu den keimenden Samen giebt nach Mulder Veranlassung zu gewissen Umänderungen der eiweissartigen Körper, welche dabei theilweise in Fermente verwandelt werden; dieselben Umänderungen können aber auch ausserhalb der lebendigen Zellen geschehen, wenn die Eiweissstoffe der Einwirkung des atmosphärischen Sauerstoffs ausgesetzt werden. Deshalb konnte schon Kirchhof an dem Weizenkleber schwache fermentartige

---

Hüllen der Stärkekörner durch die quellende innere Substanz gesprengt, die Letztere tritt aus und kann nun durch die Einwirkung des Fermentes aufgelöst werden, während die Hüllen selbst als ein ungelöster Rück- stand zurückbleiben. Das Letztere ist indessen ganz unrichtig, weil der Stärkekleister durch das Ferment vollständig aufgelöst werden kann, und doch bedeutet »Diastase« einen Körper, welcher die Eigenschaft besitzt, die Trennung der inneren Substanz der Stärkekörner von deren Hüllen zu bewirken.

[1] Die Chemie des Bieres; im Capitel »Das Malzen«.

Eigenschaften beobachten; Saussure, welcher den im Wasser völlig unlöslichen Weizenkleber mit siedendem Alkohol behandelte, fand in der alkoholischen Lösung einen im kalten Wasser schon bedeutend löslichen Eiweissstoff, — Mucin, der die Eigenschaft, Stärkekleister aufzulösen und in Zucker zu verwandeln, in viel höherem Grade besass, als der rohe Kleberstoff.

Durch Betrachtung der zahlreichen, von Mulder zusammengestellten Thatsachen, wird man unwillkürlich zu einer ähnlichen Ansicht über die chemische Natur der stärkeumbildenden Fermente geführt, wie sie vom genannten Chemiker entwickelt wurde. Die Fruchtbarkeit dieser Ansicht für die Wissenschaft hat sich schon in einer Beziehung auf schlagende Weise bewährt, denn davon ausgehend, konnte Mulder auf theoretischem Wege zur Ueberzeugung von der allgemeinen Verbreitung der Fermente in den Pflanzenorganen kommen, — einer Ueberzeugung, welche er in seinem verdienstvollen, schon vielfach citirten Werke mit besonderem Nachdruck betonte. — Aus meinen Untersuchungen kann ich nun weitere Thatsachen anführen, welche entschieden dafür sprechen, dass die unthätigen Pflanzeneiweissstoffe durch eine leichte Umänderung in den Zustand der stärkeumbildenden Fermente versetzt werden können. Es ist mir nämlich im Laufe meiner Untersuchungen mehrmals vorgekommen, dass die wässerigen Lösungen der alkoholischen Niederschläge, wenn sie auch, frisch bereitet, gar keine fermentartigen Eigenschaften besassen, diese Eigenschaften dennoch in einem sehr bedeutenden Grade erlangten, nachdem sie eine Zeit lang an der Luft stehen geblieben waren. Die Fälle, wo inzwischen in der Flüssigkeit Bacterien erschienen, können natürlich nicht als beweisend gelten, wenn ich auch bemerken muss, dass nach anderwärtigen Beobachtungen das Auftreten von Bacterien die fermentartigen Eigenschaften der Flüssigkeit immer nur schwächte. Ich will aber hier zwei Fälle beschreiben, wo die Flüssigkeit die ganze Zeit lang vollkommen rein und klar verblieb, und wo also die eingetretene Aenderung in ihren Eigenschaften nicht den fremden Umständen zugeschrieben werden darf.

1. Im März wurde auf die schon bekannte Weise eine Lösung aus den jungen, aber schon völlig entwickelten Blättern von *Melianthus major* gewonnen. Der Stärkekleister mit dieser

Lösung versetzt, blieb während 4 Tagen ganz unverändert.
7 Tage nach der Bereitung der Lösung wurde nochmals eine
Portion Stärkekleister mit derselben vermischt; diesmal aber
wurde nach 24 Stunden der Kleister zum grössten Theile, und
nach 48 Stunden vollkommen zu klarer Flüssigkeit aufgelöst
gefunden. Bei einem anderen Versuche, welcher im November
mit den ähnlichen, im Gewächshause von derselben Pflanze
genommenen Blättern angestellt wurde, zeigte die Lösung ganz
dasselbe Verhalten, nur wurde damals das Ergebniss durch die
inzwischen eingetretene Bildung von Bacterien unsicher gemacht.

2. Aus ruhenden Kartoffelknollen gewonnene Lösungen zeigen überhaupt im frischen Zustande keine fermentartigen Eigenschaften. In einem Falle ist es mir gelungen,
eine solche Lösung, ohne sie zu erwärmen, mehr als einen
Monat lang unter dem oben beschriebenen Verschlusse vollkommen klar und frei von allen Organismen zu erhalten, so dass
es möglich war, die allmähliche Aenderung ihrer Eigenschaften
ganz sicher zu verfolgen.

Den 1. März. Es wurde (ohne Erwärmen) eine Lösung
bereitet, welche eine deutliche, aber nur schwach saure Reaction
hatte. Der Stärkekleister mit der frischen Lösung versetzt,
ist während 3 Tagen ganz unverändert geblieben.

Den 10. März. Einige Cubikcentimeter Stärkekleister wurden wieder mit derselben Lösung vermischt: in 21 Stunden
wurde der Kleister grossentheils aufgelöst; nach 48 Stunden
blieb nur ein kleiner Rest davon übrig, und nach 3 Tagen
wurde die Flüssigkeit ganz klar befunden.

Den 14. März. Zu einer Portion Stärkekleister wurde
nochmals eine kleine Menge von derselben Lösung zugesetzt.
Nach 20 Stunden wurde der Kleister zu einer vollkommen
klaren Flüssigkeit aufgelöst gefunden. Beim Erwärmen bis
50—60° C. konnte das vollständige Auflösen des Kleisters in
3—4 Stunden geschehen. 24 Stunden nach erfolgter Verflüssigung des Kleisters zeigte die Flüssigkeit eine starke Zucker-
reaction.

Den 21. März. Es wurde abermals der Versuch mit derselben Lösung und dem Stärkekleister wiederholt. Nach
24 Stunden war aber die Flüssigkeit von den nicht vollständig ge-
lösten äusseren Schichten der Stärkekörner noch etwas trübe.

Den 28. März. Eine Portion Stärkekleister wurde wieder

mit derselben Lösung versetzt. Nach 24 Stunden wurde der
Kleister nur zum Theil aufgelöst gefunden.

Die letztere der obenangeführten Beobachtungsreihen bietet
um so mehr Interesse, als es hier gelungen ist, das allmähliche
Entstehen und Wiederverschwinden des Fermentes während
längerer Zeit Schritt für Schritt zu verfolgen. Dabei muss ich
ausdrücklich bemerken, dass die äusseren Eigenschaften der
betreffenden Flüssigkeit diese ganze Zeit hindurch vollkommen
unverändert blieben, ohne irgend welche Zeichen der etwa begin-
nenden Zersetzung zu zeigen. Die Flüssigkeit blieb fortwährend
geruch- und geschmacklos, und behielt die gleiche, schwach saure
Reaction, die sie im Anfang hatte. — Zu der Zeit, wo die
Flüssigkeit starke fermentartige Eigenschaften in Bezug auf
den Stärkekleister äusserte, wurde auch ihre Wirkung auf die
Stärkekörner von Buchweizen geprüft: die letzteren wurden
davon auf die gewöhnliche Weise (wenn auch nur sehr schwach)
corrodirt und aufgelöst.

Nach dem Angeführten kann es nicht zweifelhaft sein, dass
die stärkeumbildenden Fermente der pflanzlichen Organismen
nicht etwa besondere chemische Körper sind, sondern Stoffe,
die anfangs unwirksam waren, durch leichte chemische (vielleicht nur moleculare) Umänderungen aber die Eigenschaften
der Fermente erlangten. Die allgemeine Verbreitung solcher
Fermente weist darauf hin, dass sie aus den Stoffen entstehen
müssen, denen eine allgemeine Verbreitung in allen Pflanzen
und Pflanzentheilen zukommt, von solchen Stoffen aber können
nur die Eiweissstoffe in Aussicht genommen werden. Es ist
natürlich gegenwärtig nicht möglich, sich eine Vorstellung
davon zu machen, welcher Art die Umänderungen sind, durch
welche die nicht fermentartig wirkenden Eiweisskörper zu Fermenten werden; allein es scheint mir, wie dies auch M u l d e r
glaubte, dass diese Umänderungen in irgend einer Beziehung
zum reichlichen Zutritt des freien Sauerstoffs stehen müssen.
Diese Vermuthung wäre leicht durch directe Versuche zu prüfen,
solche Versuche sind aber von mir bis jetzt nicht ausgeführt
worden. Einstweilen kann ich daher nur auf eine Erscheinung
aufmerksam machen, welche voluminose Stärkebehälter, wie
die Kartoffelknollen, und die Samen von *Aesculus Hippocasta-*
num bei ihrem Keimen darbieten. Die Stärkekörner werden
hier zuerst nicht etwa in der nächsten Umgebung blos des sich

entwickelnden Sprosses oder Keimes aufgelöst, sondern der Auflösungsprocess beginnt gleichzeitig auf der ganzen Peripherie des Stärkebehälters, um sodann in immer tiefere Gewebeschichten einzugreifen. In den Samen der Rosskastanie, wo die Cotyledonen während der Keimung mit ihren inneren Flächen fest an einander gedrückt bleiben, werden auch die Stärkekörner nur an den äusseren, freien, nicht an den inneren Flächen der Cotyledonen (oder wenigstens hier viel weniger) angegriffen. Die Auflösung der Stärkekörner muss offenbar mit dem Auftreten des Fermentes gleichen Schritt halten; es liegt aber auf der Hand, die von den oberflächlichen Gewebeschichten aus beginnende Bildung des Fermentes mit dem leichteren Zutritt von Sauerstoff zu diesen Schichten in Zusammenhang zu bringen. — Die stärkeumbildenden Fermente werden auch in Pflanzentheilen gefunden, wo keine Stärke enthalten ist. So fand ich dieselben in Rüben und Möhren, und v. Gorup-Besanez hat die stärkeumbildenden Fermente in den ölhaltigen Samen von Hanf und Lein entdeckt. Dieses merkwürdige Vorkommen der stärkeumbildenden Fermente in den Geweben, wo sie scheinbar keine Bedeutung haben, kann so gedeutet werden, dass die Bedingungen, unter denen die unwirksamen Eiweissstoffe zu Fermenten werden können, in allen lebendigen Pflanzentheilen gegeben sind, und hier kann wiederum der freie Sauerstoff als eine solche Bedingung angesehen werden. Ich muss doch bemerken, dass das ausnahmslose Vorkommen der stärkeumbildenden Fermente noch eine andere Deutung zulässt, denn v. Gorup-Besanez fand, dass diese Fermente zugleich fähig sind, die unlöslichen Eiweisskörper in lösliche und leicht diffusible Peptone zu verwandeln. Damit wäre offenbar ihre hohe Bedeutung für alle Pflanzentheile ohne Ausnahme bestimmt. — Noch weniger wie die eben berührte, wäre gegenwärtig die andere Frage zu entscheiden, — welche von den bekannten pflanzlichen Eiweissstoffen fähig sind, die Eigenschaften der Fermente anzunehmen? Bei der ungemeinen Leichtigkeit aber, mit der verschiedene Eiweisskörper in einander übergehen können, ist diese Frage vielleicht nicht so wesentlich, als es auf den ersten Blick erscheinen könnte. Ich möchte dabei nur an die Erscheinung erinnern, die ich schon früher angeführt habe, dass nämlich das wiederholte Auflösen im Wasser und Fällen mit Alkohol schon hinreicht, um die in

Alkohol unlöslichen Eiweissstoffe in die darin löslichen überzuführen.

Nachdem gezeigt wurde, dass die anfangs unwirksamen
Körper sich ausserhalb der Zelle zu Fermenten verwandeln
können, wird vielleicht die Frage berechtigt sein, ob die aus
verschiedenen Pflanzentheilen direct zu erhaltenden Fermente
wirklich als solche in den lebenden Geweben präexistirten.
Diese Frage aber muss unbedingt, wenigstens in Bezug auf die
in Entwickelung begriffenen Theile, bejaht werden. Die Anwesenheit der Fermente in solchen Pflanzentheilen wird unmittelbar schon dadurch bewiesen, dass die Stärkekörner hier
dieselben Veränderungen erleiden, welche die Fermente — und
nur diese allein — fähig sind, auch ausserhalb der Zelle zu
bewirken. Hierauf weist auch der Umstand hin, dass besonders stark wirksame Fermente immer nur aus den Reservestoffbehältern erhalten werden, wo die Umbildungsprocesse besonders energisch vor sich gehen. Aus den treibenden Kartoffelknollen aus keimenden Samen von *Aesculus Hippocastanum*
werden ausnahmsweise, nur schwach wirkende fermenthaltige
Lösungen gewonnen; diese beiden genannten Fälle sind aber
auch diejenigen, wo die Auflösung der Stärkekörner 'verhältnissmässig nur sehr langsam vor sich geht, so dass nur ein
geringer Theil des reichlichen Stärkevorraths bei der Keimung
aufgebraucht wird. — Mehr berechtigt kann die obenaufgestellte
Frage in Bezug auf die Fälle erscheinen, wo ein stärkeumbildendes Ferment aus den ruhenden Samen zu gewinnen' ist.
Wollte man aber die Möglichkeit der Existenz des Fermentes
in den ruhenden stärkehaltigen Samen etwa aus dem Grunde
verneinen, weil dann die Stärke sofort aufgelöst werden müsste,
so wäre eine solche Vorstellung durchaus unbegründet. Um die
Stärkekörner angreifen zu können, muss das Ferment unzweifelhaft im Zustande der Lösung sich befinden; eine solche Lösung
kann aber nicht in den lufttrockenen Samen entstehen, wo es kein
tropfbarflüssiges, sondern nur chemisch oder physikalisch ge-
bundenes Wasser giebt. Dass das Letztere wirklich der Fall
ist, kann man sich an den ölhaltigen Samen überzeugen, wo
das vom Fette durchdrungene, wasserhaltige Protoplasma eine vollkommen durchsichtige Masse bildet, die aber auf Zutritt von freien
Wasser sich augenblicklich in eine trübe Emulsion verwandelt.
Dass die Wirksamkeit des Fermentes sich nur im wasserreichen

Zustande des Gewebes äussern kann, wird auch daraus ersicht-
lich, dass der Auflösungsprocess der Stärkekörner sofort still
steht, wenn die im Keimen begriffenen Samen lufttrocken gemacht werden. — Mulder nimmt an, dass das Ferment erst
mit dem Eintreten der Keimung selbst im Samen gebildet wird,
und stützt sich dabei auf die Thatsache, dass die Keimung nur
beim Zutritt des freien Sauerstoffs beginnen kann, welcher letztere auch zur Bildung des Fermentes eine nothwendige Bedingung sei. Die Zusammenstellung thut aber natürlich nichts
zur Sache, so lange die Nothwendigkeit des Sauerstoffs zur
Bildung des Fermentes nicht einmal bewiesen ist, und wenn
es andererseits auch bekannt ist, dass der Sauerstoff beim
Keimungsprocesse unzweifelhaft eine mehrfache Bedeutung
hat. — Wenn man aber keinen Grund findet, warum die
stärkeumbildenden Fermente nicht schon in den ruhenden Samen
existiren könnten, so ist es wieder eine andere Frage: zu
welcher Zeit werden die Fermente in den Samen gebildet? Es
ist eine bekannte Erscheinung, dass die Samen einiger Pflan-
zenarten sofort nach ihrer Reife schon keimungsfähig sind,
während die anderen erst eine Zeitlang ausruhen müssen, bevor sie zum Keimen gebracht werden können. Diese Verschiedenheit kann eben darauf beruhen, dass in den einen Samen-
arten das Ferment schon während ihres Reifens oder kurz
nachher, in anderen dagegen erst längere Zeit nachher gebildet
wird. Es wäre interessant, die Richtigkeit dieser Vermuthung
durch directe Versuche zu prüfen.

In den Stengeln und Blättern, überhaupt in den Geweben,
wo eine vorübergehende Stärkebildung auftritt, müssen die Bedingungen so gegeben sein, dass sie einerseits das Auflösen
der schon vorhandenen, andererseits wieder die Bildung neuer
Stärkekörner gestatteten. Es kann nicht zweifelhaft sein, dass
die stärkeumbildenden Fermente auch hier diejenigen sind,
durch deren Vermittelung die Substanz der Stärkekörner in
lösliche Kohlehydrate übergeführt wird; und doch ist mir ausser
dem oben angeführten Falle mit *Melianthus major* noch ein anderer bei *Eucalyptus globosus* (hier übrigens nur bei den Ende
October abgepflückten Blättern, während die im März genommenen ein gewöhnliches Verhalten zeigten), vorgekommen, wo
die aus den Blättern gewonnenen Lösungen im frischen Zustande gar keine Wirkung auf den Stärkekleister zeigten, als

ob in den Blättern selbst kein Ferment enthalten wäre. Dieser
letzte Schluss würde aber für die betreffenden Fälle noch vor-
eilig sein. In den Geweben der vegetativen Pflanzenorgane
muss die Menge des Fermentes immer nur gering sein, wie es
aus der schwachen Wirkung der daraus zu erhaltenden Lösungen geschlossen werden kann. Die Behandlung mit Alkohol
wirkt überhaupt schwächend auf die Fermente, und es ist wohl
möglich, dass bei ohnedem geringer Menge derselben ihre Wirksamkeit durch diese Behandlung verschwindend schwach gemacht, oder gar vernichtet werden kann [1]. — Die Thatsache,
dass die Wirksamkeit des Fermentes sich nur auf begrenzte
Mengen des Stärkekleisters erstrecken kann, beweist unzweifelhaft, dass das Ferment selbst sich an der betreffenden Reaction
betheiligt und dabei verbraucht wird. Es sind darum auch
wohl die Fälle denkbar, wo die Bildung des Fermentes nur so
langsam geschieht, dass die gebildeten Mengen desselben sofort
wieder verbraucht werden, ohne dass es sich irgendwie in
einigermassen bedeutender Menge anhäufen kann, um direct
nachgewiesen werden zu können. Ich will dabei auch darauf
aufmerksam machen, dass die Erscheinung der transitorischen
Stärkebildung ihrerseits nur mit der Vorstellung vom wechseln-
den Auftreten und Wiederverschwinden des stärkelösenden Fermentes in den Pflanzengeweben vereinigt werden kann.

Nachtrag.

»Bulletin de la Société chimique de Paris.« T. XXVII (1877), p. 251
enthält eine Untersuchung von Kosmann — »Recherches chimiques sur
les ferments contenus dans les végétaux«... etc. Diese Untersuchung,
welche meinen Gegenstand unmittelbar betrifft, ist mir doch, muss ich
gestehen, bis zur letzten Stunde vollkommen entgangen, und ich muss
mich beschränken, sie hier nachträglich kurz zu besprechen. Der Verfasser hat in sehr vielen von ihm untersuchten Pflanzen (unter anderen
einigen Algen, Pilzen, Flechten und Laubmoosen) und in allen möglichen
Pflanzentheilen überall Fermente gefunden, welche die Eigenschaft besassen, alle Glucoside zu spalten und nicht nur Stärke, sondern auch
Rohrzucker in Glucose zu verwandeln. Zur Gewinnung dieser Körper
wurden die wässerigen Auszüge der Pflanzen zunächst bei 30⁰ bis auf ¼

---

[1] Es musste in derartigen Fällen die Wirksamkeit der einfachen,
wässerigen Auszüge der Blätter geprüft werden, was ich leider auszuführen
versäumte.

abgedunstet und sodann mit Alkohol gefällt. Eine solche Methode ist aber im Stande, grosse Bedenken zu erwecken, denn das Abdunsten einer wässerigen Lösung bei einer so niedrigen Temperatur musste doch längere Zeit erfordern, und der Verfasser sagt nichts darüber, wie es ihm gelang, die Verwesung so alterabler Flüssigkeiten zu verhindern. Es wurde jedoch schon von Bouchardat und Anderen gefunden (s. oben, p. 7), dass verschiedene eiweissartige, in Verwesung begriffene Körper pflanzlichen und thierischen Ursprungs fähig sind, im Stärkekleister die Bildung von Glucose zu bewirken.

Kosmann giebt an, dass die von ihm erhaltenen Fermente im Stande waren, rohe, zerriebene (pulvérisé) (Kartoffel-?) Stärke ebensogut, wie Stärkekleister in Zucker zu verwandeln. O'Sullivan konnte bei seinen sorgfältigen Versuchen keine Wirkung des Malzfermentes auf rohe Kartoffelstärke bemerken; es ist aber sehr wohl möglich, dass die zerriebenen Stärkekörner dem Fermente viel leichter zugänglich werden. — Was die Wirkung der Fermente auf den Rohrzucker betrifft, so genügte 2—3 mg des trockenen (in Lösung gegebenen) Fermentes von *Triticum pinnatum*, um im Laufe von 3—4 Tagen, bei 25⁰·C., 1,5 bis 2 Gr. Rohrzucker fast vollständig zu invertiren. Dazu kann ich nur bemerken, dass ich oft versucht habe, die von mir gewonnenen, stärkeumbildenden Fermente auf Rohrzucker einwirken zu lassen, ohne je die Bildung von Invertzucker dabei zu bemerken. Der Verfasser sagt, die zuckerhaltige Flüssigkeit werde dabei trübe vom ausgeschiedenen Fermente; es liegt aber nahe in der eintretenden Trübung die Gährungszellen zu vermuthen, denen auch die Inversion des Rohrzuckers zuzuschreiben wäre. — Die Mittheilungen Kosmann's sind überhaupt zu summarisch, um eine sichere Kritik seiner Resultate zuzulassen. — Andere Versuche dieses Chemikers, die Umwandlung verschiedener Kohlehydrate und Fettsubstanzen unter dem Einflusse des sich oxydirenden Eisens betreffend (l. c. T. XXVIII, p. 246) kann ich hier vollständig übergehen.

Erklärung der Abbildungen.

Fig. 4 ist bei 500 maliger, die übrigen sind bei 250 maliger Vergrösserung gezeichnet.

Fig. 1. Stärkekörner von *Phaseolus multiflorus*. *a* beginnende Auflösung; *b* und *c* weitere Stadien davon. *d* die Stärkekörner beinahe vollständig in Celluloseskelete verwandelt, an denen noch kleine Inseln noch nicht aufgelöster Granulosesubstanz zu sehen sind. *f* Präparate der Stärkekörner aus einer anderen Samenportion: die Körner werden hier in ihren verschiedenen Theilen mit sehr verschiedener Leichtigkeit vom Fermente angegriffen.

Fig. 2. Stärkekörner von *Solanum tuberosum*. *a*, *b*, *c* die ersten Stadien der Auflösung, welche hier an einer Stelle der Oberfläche des Korns beginnt, und von dort in die Mitte desselben fortschreitet. *d* das Innere des Stärkekorns ist zum grossen Theile herausgelöst; zwei enge Canäle, welche an die Peripherie des Kornes reichen, sind

die Wege, durch die das das Ferment in das Innere desselben eindrang.
f ein Stärkekorn, dessen äussere Schichten an mehreren Stellen zugleich vom Fermente angegriffen werden. *g* die Stärkekörner sind zum grössten Theile in durchsichtige Celluloseskelete verwandelt; die dunklen Partien sind diejenigen, wo die Granulose noch nicht aufgelöst ist. *k* ein Theil des Stärkekorns ist schon vollständig verschwunden, während der andere noch ganz unverändert zu bleiben scheint. *m* ein Stärkekorn aus der treibenden Knolle, die Auflösung schreitet hier ganz allmählich von innen nach der Peripherie desselben fort.

Fig. 3. Stärkekörner von *Aesculus hippocastanum.* *a* die ersten Stadien der Auflösung; *b* und *c* weitere Stadien davon. *d*, *f* und *g* die Auflösungszustände, wie sie in den keimenden Samen angetroffen werden: *d* Stärkekörner, bei denen ein Theil mehr oder weniger vollständig aufgelöst, während die übrigen Theile noch ganz intact zu bleiben scheinen. *f* Stärkekörner, welche an einem Theile ihrer Oberfläche wie abgenagt erscheinen; helle Kreise sind angegriffene Stellen, von oben gesehen. *g* scheint ein weiteres Stadium von *f* zu sein.

Fig. 4. Stärkekörner von *Polygonum Fagopyrum.* *a* die Auflösung beginnt mit der Bildung der engen Canäle, welche an der Peripherie beginnend, nach der Mitte des Kornes vordringen. *b* in der Mitte des Stärkekorns ist schon eine Höhlung entstanden, welche, wie bei *c* zu sehen, immer grösser wird, bis schliesslich von dem Stärkekorn nur ein Kranz winziger Körnchen zurückgeblieben ist.

Fig. 5. Stärkekörner von *Triticum vulgare.* *a* beginnende Auflösung, wobei helle, radial gerichtete Streifen (Canäle) gebildet werden, an denen concentrische Schichtung des Stärkekorns scharf hervortritt; die hellen Kreise in der Mitte des Stärkekorns sind ebensolche Canäle, welche hier von oben gesehen werden. *b* ein anderer Fall, wo statt der radialen Canäle zuerst concentrische Spalten herausgelöst werden. *c* ein weiteres Stadium von *a*: das Korn wird allmählich von aussen abgeschmolzen; die dichten Partien, welche dabei langsamer aufgelöst werden, ragen mit ihren Enden aus der übrigen Masse hervor. *d* ein weiteres Auflösungsstadium von *b*: das Korn wird ebenfalls von aussen aufgelöst, ein Theil desselben widersteht aber der Wirkung des Fermentes viel hartnäckiger, als der andere. *f* und *g* zwei folgende Auflösungsstadien von *c*: die ursprünglichen Canäle sind bei *f* breiter geworden; bei *g* sind sie schon als vielfach gewundene Gänge zu sehen. *h* und *k* ein noch anderer Fall, wo das Stärkekorn fast gleichmässig in seiner ganzen Masse ausgezogen und durchsichtig gemacht wird. *m* Stärkekörner, welche fast in ihrer ganzen Masse in zarte, gleichmässig durchsichtige Scheiben verwandelt sind; trotz der äusseren Aehnlichkeit mit den Celluloseskeleten werden doch solche Scheiben mit der wässerigen Iodlösung sofort violett gefärbt.

Fig 1.

Fig. 2

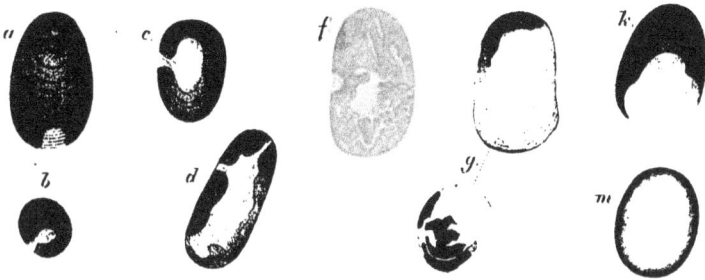

Fig 3

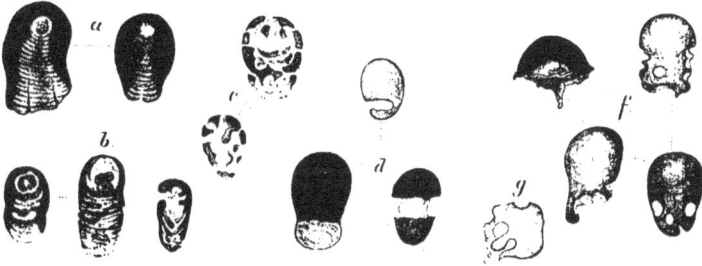

Fig. 4

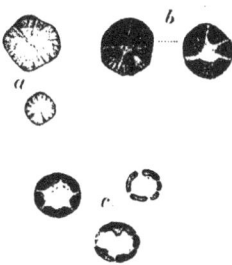

Fig. 5

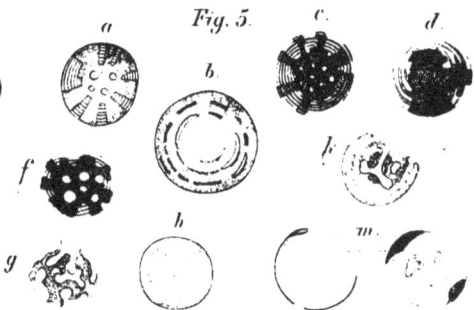

J. Baranetzky gez.

C. F. Schmidt lith.

www.ingramcontent.com/pod-product-compliance
Lightning Source LLC
Chambersburg PA
CBHW021829190326
41518CB00007B/795